LA FORTIFICATION

PERPENDICULAIRE.

TOME SECOND.

LA FORTIFICATION

PERPENDICULAIRE,

O U

E S S A I

*Sur plusieurs manieres de fortifier la ligne droite,
le triangle, le quarré, & tous les polygónes, de
quelqu'étendue qu'en soient les côtés, en donnant
à leur défense une direction perpendiculaire.*

Où l'on trouve des méthodes d'améliorer les Places déjà construites, & de
les rendre beaucoup plus fortes. On y trouve aussi des Redoutes, des Forts
& des Retranchemens de campagne, d'une construction nouvelle.

*Ouvrage enrichi d'un grand nombre de Planches, exécutées
par les plus habiles Graveurs.*

Par M. le Marquis *DE MONTALEMBERT*, Maréchal des Camps & Armées
du Roi, Lieutenant général des Provinces de Saintonge & Angoumois, de
l'Académie Royale des Sciences, & de l'Académie Impériale de Pétersbourg.

TOME SECOND.

AVERTISSEMENT.

On a cru néceſſaire, dans l'Avertiſſement placé à la tête du premier Volume de cet Ouvrage, d'inviter à la lecture de l'Avant-Propos. Nous penſons devoir faire la même recommendation, pour celui qui ſe trouve à la tête de ce Volume. Il contient des éclairciſſemens néceſſaires; quelques-uns entr'autres, répondent à ceux qui ſe ſont prévenus de l'idée que les maçonneries, dont nos méthodes, ſeroient beaucoup plus coûteuſes, à cauſe de la quantité de voûtes qui s'y trouve. Nous faiſons voir, que c'eſt une erreur, & en quoi elle conſiſte. Mais au reſte nous n'aurons qu'à nous applaudir, tant que ce reproche ſera le ſeul, puiſque le calcul le plus ſimple fera toujours connoître s'il eſt fondé, & nous ne pouvons à cet égard avoir la moindre inquiétude.

ADDITION A L'ERRATA DU TOME PREMIER.

Pages	Lignes	
104	14	qui bornent l'Iser, *lisez* qui bordent.
120	17	degrés, *lisez* pieds.

AVANT-PROPOS.

Le second Volume que nous donnons aujourd'hui, ne fera point le dernier de notre Traité fur l'Art de fortifier les Places, ainfi que nous l'avions annoncé. Cette feconde Partie fera fuivie néceffairement d'une troifième. Nous n'avons pu nous refufer à des détails que nous avons jugé néceffaires, & le nombre des Planches s'eft augmenté. Le premier Volume n'en contenoit que dix-huit ; ce fecond en contient trente-deux, la plupart très-grandes, & le troifième en aura à-peu-près autant. Nous efpérons qu'on nous faura quelque gré d'un travail auffi confidérable.

Tome II. a

Le Volume dont il s'agit actuellement, commence par un Chapitre affez étendu fur l'utilité des Places de guerre. Nous avons cru indifpenfable d'appuyer, par des faits, une vérité dont les preuves, depuis quelque tems, commençoient à s'affoïblir. Les Places que nous avons, (la plupart affez mauvaifes) exigent de grandes réparations : il faut y employer des fommes confidérables, difficiles à fe procurer : & l'on n'eft que trop fouvent porté à fe perfuader que ce qu'on ne peut avoir, eft inutile. Une opinion fauffe, appuyée fur des raifonnemens faux, s'accrédite cependant, par l'effet du tems, fi rien ne s'élève pour la détruire ; & nous avons penfé que ce foin devoit nous regarder. Mais ce ne fera point par de vains difcours que nous chercherons à convaincre : ce fera par des exemples connus de toute l'Europe. Nous tirerons de l'hiftorique de quelques campagnes, une multitude de preuves; que les Places de guerre décident les fuccès, foit dans l'offenfive, foit dans la défenfive. Nous nous fommes attachés principalement à la plus grande exactitude, dans nos récits relatifs aux divers mouvemens des armées, afin qu'en nous fuivant, chacun puiffe porter fon jugement, comme nous avons porté le nôtre. Nous avons eu, dans cette vue, le plus grand foin de rapporter les dates fi fouvent négligées. Les dates font le flambeau de l'Hiftoire. Ce n'eft qu'en plaçant les événemens au moment qu'ils font arrivés, qu'on peut en apprécier le mérite; mais lorfqu'il s'agit d'opérations militaires, il faut encore les placer aux lieux même où elles fe font paffées; & fans des Cartes de Géographie fous les yeux, on ne peut calculer les poffibilités. Nous donnons donc, à la fuite de ce Difcours, un état des meilleures Cartes à confulter. Nous nous fommes affurés qu'elles fe trouveront toutes à Paris, chez le fieur Julien, à l'Hôtel de Soubife. Ceux qui ne voudront pas fe procurer les grandes Cartes particulières, dont plufieurs font affez chères, doivent au moins tâcher d'avoir les générales, fans quoi, nous le répétons, nous croyons qu'il feroit difficile de nous entendre (1).

Ce n'eft plus ici la Fortification dans fes conftructions ; c'eft la Fortification dans fes effets. Ce Chapitre eft deftiné à faire connoître fa relation avec les grandes manœuvres : à faire connoître les grands effets du concours mutuel des places & des armées. Si les unes pouvoient être au dernier degré de force, les autres au dernier degré de difcipline, que pourroit-on craindre, & que ne devroit-on pas efpérer ? Cette qualité fi effentielle dans les

(1) Les Cartes que nous croyons indifpenfables font marquées d'une étoile (*) fur l'Etat.

armées, n'eft pas de notre fujet. Celle
relative aux Places, eft la tâche que nous
nous fommes propofé de remplir , du
moins en partie , & autant que nos foibles lumières pourront y fuffire ; car nous
fommes bien éloignés de préfumer affez
de nous mêmes, pour nous flatter d'avoir
été jufqu'où l'on peut aller.

Nous commençons ce fecond Volume,
(après notre Chapitre fur l'utilité des Places de guerre) par les fimples redoutes
que nous ne laiffons pas de rendre meilleures dès leur premier accroiffement ,
toujours fufceptibles d'être exécutées par-
tout & en très-peu de tems. Ces redoutes
s'élèvent enfuite, par degré, & deviennent
de petits forts, fans ceffer d'être peu coûteufes, & fans ceffer d'être d'une prompte
conftruction. Des forts plus confidérables
viennent après. Celui que nous donnons,
pour premier exemple, eft très-fort. Les

fuivans ne font offerts que pour faire connoître combien ils pourroient le devenir davantage; mais nous arrêtons, en cet endroit, nos différentes compofitions, pour entrer dans des détails affez étendus fur les embrafures de canon. Nous nous flattons qu'ils pourront intéreffer, par la très-grande utilité dont ils peuvent être. Nous traitons donc, dans un Chapitre particulier, de la conftruction des embrafures, que nous avons appellées à un centre, à trois centres & à volets. Vingt figures contenues dans deux Planches, en développent toutes les parties, de manière que leur tracé ne pourra rencontrer aucune difficulté dans la pratique. Cette théorie, tout-à-fait neuve, mérite, à ce que nous croyons, la plus grande attention de la part de ceux chargés de décider de tout ce qui doit être fait dans la partie fi effentielle des Fortifications.

Après les développemens de ces puiffans moyens, nous en faifons l'application dans un nouveau Fort, par une troifième batterie de canons, cafematée & à
volets, tenant lieu des batteries de rempart ordinaires : de ces batteries qui difparoiffent, deux jours après l'établiffement
des batteries à ricochet de l'affiégeant. Ici
ce feroit tout le contraire ; celles que l'ennemi voudroit entreprendre d'établir, ne
pourroient jamais être achevées, fous le
feu prodigieux de nos batteries couvertes.
Cette manière de défendre les approches
des Places, fera du plus grand effet. Leurs
feux de rempart ne pouvant plus être
éteints, les tranchées feront continuellement labourées, les fapes renverfées ; on
ne pourra parvenir à s'établir fur le glacis,
qu'avec des pertes & un tems très-confidérables. C'eft dans l'examen détaillé de
ces conftructions, qu'on pourra recon-

noître tous les avantages dont elles font fufceptibles.

Nous donnons enfuite un dodécagone dans les mêmes principes. Ses batteries de rempart cafematées dans toute fon enceinte , balaient la campagne de tous les côtés, & en rendent les abords impraticables.

Mais après nous être élevés à ce degré de force, nous revenons à des Forts beaucoup moins confidérables & qui exigent des garnifons bien moins nombreufes. Ce font nos Forts triangulaires qui fe trouvent ici dans le plus grand détail. Ces Forts conftruits de différentes manières, ont chacun leurs avantages. Il feroit fuperflu d'entrer, à ce fujet, dans de plus grandes explications. On les trouvera dans l'Ouvrage.

Nous terminons enfin ce Volume par un feul exemple des Forts ronds que nous

fommes

fommes dans le cas de conftruire fuivant nos méthodes. Cet exemple eft applicable aux montagnes, & convient particulièrement aux pains de fucre fur lefquels il eft fi difficile de conftruire des Forts fufceptibles d'une bonne défenfe.

Le trop grand nombre de Planches déjà deftinées à ce Volume, nous a obligé de réferver pour le troifième quelques autres exemples de Forts ronds deftinés pour la défenfe des plaines. Ils font peu coûteux & cependant d'une très-grande force. Ils conviendront dans beaucoup de fituations.

Nous donnerons enfuite dans ce troifième Volume, tout ce que nous avons annoncé devoir terminer le fecond, depuis les méthodes relatives aux enceintes irrégulières, jufqu'aux nouveaux retranchemens de campagne. Il feroit inutile d'en répéter ici le détail, puifqu'il fe trouve dans l'Avant-Propos du premier Volume, depuis la pag. xiv jufqu'à la pag. xvij. Nous ajouterons feulement que nous efpérons avoir rendu le Chapitre des retranche-mens de campagne affez intéreffant, tant par les nouvelles vues qu'il contient, que par les difpofitions de troupes, convena-bles à la défenfe de ces fortes de retran-chemens; & nous fommes entrés à ce fujet dans tous les détails néceffaires pour qu'on puiffe connoître les principes fur lefquels nous nous fommes déterminés dans nos conftructions.

Nous ne croyons pas qu'il ait été fait pour aucun ouvrage de ce genre, une auffi grande quantité de deffins, ni d'auffi dé-taillés ni d'auffi exacts. On en auroit mieux jugé, fi les gravures avoient pu les rendre tels qu'ils font; mais cela n'eft pas poffible. Nous avons employé les meilleurs Artif-tes : nous n'y avons épargné ni foins ni

dépenfe, & nous avons obtenu, non tout
ce que nous aurions defiré, mais des Planches d'une exécution fort fupérieure à
toutes celles en ufage. Au refte l'utile eft
parfaitement rempli. On ne peut être arrêté fur aucune des conftructions qu'il s'agi-
ra d'exécuter. Des Plans en relief ne font
pas plus intelligibles, & nous ne regrette-
rons pas nos foins, fi nous avons pu rendre
fenfible tout ce que nous avons eu intention d'exprimer, perfuadés, comme nous
le fommes, qu'il en peut réfulter les plus
grands avantages.

On trouvera dans ce Volume les réful-
tats de plufieurs des toifés que nous avons
faits avec le plus grand foin. Nous en avons
même étendu quelques-uns, le plus qu'il
nous a été poffible. Nous aurions defiré
les donner en entier, fi la place eût pu
le permettre, afin de diffiper les doutes
de ceux qui fe plaifent à établir des fuppo-

fitions contre ce qui git en fait. On allé-
gue, fans aucun examen, la dépenfe confidérable que ces méthodes doivent occafionner. Nous nous étions flatté de prévenir ce reproche, en prouvant par des
calculs pofitifs qu'il entre moins de toifes
cubes de maçonnerie, en fuivant nos méthodes, qu'il n'en entre, en fuivant celles
en ufage, mais nous n'avions pas prévu
qu'en cédant fur la quantité, on allégue-
roit encore que notre maçonnerie feroit
toujours beaucoup plus chère, à caufe
de la grande quantité de voûtes qui fe
trouvent dans nos fouterrains. Ce ne font
pas des Architectes qui font cette objection, ni des Connoiffeurs de bonne foi ;
les uns & les autres favent que dans la
manière de faire les toifés des voûtes de
moëlon, autorifée par l'ufage, il y a abus.
On alloue aux Entrepreneurs, dans la
vue de les dédommager des façons def-

dites voûtes, tous les pleins de leur cin-
tre, de façon que les matériaux à eux
payés qui n'y entrent pas, leur donnent
dans la conftruction des voûtes, un béné-
fice de plus de quinze pour cent, qu'ils ne
trouvent pas dans la conftruction des
murs droits ; ainfi, plus il y a de voûtes
dans un bâtiment , plus ils gagnent ; &
comme nos toifés ont été faits fuivant
l'ufage abufif, il en réfulte, que bien loin
que nos voûtes puiffent occafionner une
augmentation de dépenfe , elle feroit
moindre , fi dans ces toifés , on vouloit
fuivre l'ufage des bâtimens du Roi , où
l'on déduit tous les vuides. A cet éclair-
ciffement, que nous avons cru néceffaire,
nous ajouterons encore , pour ceux qui
ont regardé le nombre des embrafures &
des creneaux, comme devant faire une
augmentation dans le prix, que, d'après
une eftimation faite par des Maîtres

Experts, il a été reconnu, qu'en ne déduisant aucun des vuides de ces ouvertures, & allouant 6 liv. de plus par chaque embrafure, & 3 liv. par chacun des creneaux, l'Entrepreneur n'en pourroit prétendre davantage; & c'est sur ce pied que nos devis ont été faits. C'est tout ce que nous pouvons dire à ce sujet, en laissant à chacun la liberté de nous croire, ou d'en faire des vérifications, s'ils en doutent, ou bien de ne faire ni l'un ni l'autre, si cela leur est égal.

Nous avions promis que le second Volume suivroit de près le premier. Nous nous flattons d'avoir rempli notre engagement au-delà de ce qui a pu paroître possible. L'exécution, en moins d'un an, de toutes ces gravures, avec les accessoires qu'elles entraînent, est un grand travail. Il fera connoître notre zèle & la célérité que nous sommes capables de mettre dans l'exécution du troisième.

Nous avons d'ailleurs été affez heureux pour obtenir par la publication du premier, les fuffrages les plus flatteurs; & comme c'eft le feul prix que nous ayons ambitionné, on doit juger de notre empreffement à nous mettre dans le cas d'en mériter de nouveaux.

CARTES DE GÉOGRAPHIE

A confulter, pour l'intelligence du premier Chapitre de cet Ouvrage, fur l'utilité des Places de guerre.

BAVIÈRE.

* De Seuter . . . . 1 feuille.
De Homan 2
* De l'Académie de Berlin 4
De Buna 9

BOHÉME.

* De Mortier, bonne 1
De Homan 1
De Muller, belle & très-bonne 25
Du même, réduite en petit papier 25

SILÉSIE.

* De Mortier, très-bonne . . . . 2 feuilles,
Homan, Atlas de Siléfie 20

MORAVIE.

* Mortier, bonne 1
* Seuter. 1
* Homan, divifée en huit Cercles 8

AUTRICHE.

Homan 1
* Homan 2
Robert 2

TIROL.

* Homan 1

SOUABE.

* Homan 1
Seuter. 9
Kollefel 8
Michel 9
Atlas général de la guerre d'Allemagne, in-4. Julien . 84 feuilles.

Toutes les Cartes comprifes au préfent Etat, fe trouvent à Paris, chez le fieur JULIEN, à l'Hôtel de Soubife.

LA

LA FORTIFICATION

PERPENDICULAIRE.

SECONDE PARTIE.

De l'utilité des Places de Guerre.

CHAPITRE PREMIER.

DEVROIT-IL être néceffaire de prouver l'utilité des Places de guerre ? Non , fans doute : elle fe préfente évidemment à tous les efprits. Le raifonnement le plus fimple conduit à cette vérité, que pour garantir fes poffeffions , il faut oppofer des

Tome II.   A

obftacles à l'avidité du plus fort : il faut fermer fon
champ, fi l'on veut conferver fa récolte. L'Hiftoire de tous les tems nous apprend que toutes les
Nations ont connu ces principes, & y ont donné
plus ou moins d'étendue, fuivant les mœurs des
peuples, & les connoiffances alors acquifes.

Tant que les moyens de détruire ont été ren-
fermés dans de certaines bornes ; tant que de
foibles barrières ont pu fuffire, jufqu'aux particuliers même y ont eu recours. Pendant des
tems confidérables ces moyens n'ont point été
au-deffus des facultés des plus petits Seigneurs.
Delà cette quantité de châteaux à ponts-levis,
fervant d'afyle aux opprimés, & quelquefois aux
oppreffeurs. Les Souverains, avec des reffources
plus étendues, ont élevé des remparts plus folides. Une quantité innombrable de faits connus,
prouve la grande utilité de ces travaux, que l'efprit
de confervation a fait exécuter de toutes parts.

Avant l'invention de la poudre, les moindres
petites villes étoient fermées de murailles. Il
falloit un fiège, fouvent affez long, pour les
réduire, & leur utilité reconnue en avoit mul-
tiplié l'ufage. Depuis cette époque, avec de

femblables murs, on n'a pu oppofer canons à canons, & les fyftêmes baftionnés ont été imaginés. On a donc pratiqué des remparts fpacieux à flancs, faces & courtines, bordés de parapets en terre de dix-huit pieds d'épaiffeur. L'on a vu fur ces remparts de grands emplacemens capables de contenir une nombreufe artillerie. Delà on a penfé avoir pourvu à tout. Quelque coûteufe qu'ait été cette méthode, les Souverains puiffans n'ont pas manqué de l'adopter; & le fait conftant qu'ils ont élevé, de toutes parts, des enceintes baftionnées, en même tems qu'il prouve l'eftime qu'ils faifoient de ces fortes de remparts, démontre l'opinion univerfellement établie fur la néceffité des places fortes, pour la confervation des Empires.

Cette opinion a donc été celle des anciens, ainfi que celle des modernes: pourquoi ne feroit-elle plus auffi univerfelle de nos jours? Il n'eft pas difficile d'en appercevoir la caufe. Des places qu'on croyoit fortes, qu'on n'a bâties à grands frais, que parce qu'on les croyoit telles; n'ayant plus été capables que d'une foible réfiftance, par le point de perfeﾑion où l'attaque eft parvenue,

& par les défauts réels de ces places, ont ceſſé de paroître auſſi néceſſaires. Delà il n'y a pas loin à la perſuaſion qu'on peut s'en paſſer ; les extrêmes ſont facilement ſaiſis. Avant le regne de Louis XIV, & pendant même les premieres années de ce regne, (nous l'avons déjà fait obſerver en pluſieurs endroits du premier vol. de cet Ouvrage) l'artillerie de l'aſſiégeant étoit trèsmal dirigée ; l'art du Bombardier étoit au berceau ; le feu des remparts d'une place aſſiégée ſubſiſtoit long-tems dans toute ſa force, & l'on a vu, dans les guerres de ce tems, nombre de places faire de belles & longues défenſes. Tout excitoit donc alors à bâtir des places. Le principe d'utilité ne pouvoit être affoibli par aucun reproche ; mais de ce que ces reproches ſont devenus fondés : de ce que l'art de l'attaque perfeƈtionné a rendu preſqu'inutile l'art en uſage de la défenſe, en réſulte-t-il qu'il faille l'abandonner ? Non, ſans doute ; il faut chercher à le perfeƈtionner ; c'eſt tout ce qu'on en doit conclure. Dès que l'utilité des bonnes places de guerre ne peut être conteſté, on ne peut trop s'occuper des moyens de les rendre telles.

Mais nous irons plus loin ; nous foutiendrons que les places, telles qu'elles font, ne peuvent être négligées que par des Souverains peu éclairés fur leurs véritables intérêts. Il feroit, fans doute, à defirer que des méthodes, au moyen defquelles on ne peut obtenir qu'une réfiftance de quatre à cinq femaines, fuffent moins coûteufes, mais tant qu'il n'y en aura pas de meilleures & de moins chères, cette confidération ne doit point arrêter ; c'eft un mal néceffaire. Il faut des places, telles qu'elles peuvent être, non-feulement pour la défenfive, ce qui va fans dire, mais même pour une guerre offenfive. Pour peu qu'on ait d'idées militaires, on fent qu'une armée qui auroit à partir d'une frontière toute ouverte pour pénétrer dans le pays ennemi ; une armée qui n'auroit derrière elle que des bourgs & des villes, fans aucune enceinte, feroit forcée de s'arrêter, dès qu'elle fe verroit tournée par le plus petit corps. Nous en avons nombre d'exemples, & fouvent il en a coûté cher aux Puiffances qui n'ont pas compté cet obftacle pour ce qu'il étoit. Pour le prouver, nous ne remonterons pas plus haut que la guerre commencée en 1741. Après la mort de l'Empereur Charles VI , arrivée au mois d'Octobre 1740 ; l'Hiftoire fuccinte de cette guerre eft la meilleure démonftration qu'on puiffe donner de l'utilité des places fortes.

PRÉCIS DE LA GUERRE DE 1741.

LES plus grands intérêts agitèrent alors les principales Puiffances de l'Europe. L'Archiduchefle Marie-Thérefe , grande Ducheffe de Tofcane , fille aînée du feu Empereur , prétendoit hériter , fans aucun partage , de tous les Etats qui compofoient cette énorme fucceffion. Son titre étoit cette fameufe Pragmatique fanction , dont le feu Empereur avoit prétendu faire une loi irrévocable , & qu'il étoit parvenu , en effet , à faire garantir par la plus grande partie des Princes qui pouvoient y porter atteinte. Il paroît certain cependant que plufieurs Souverains avoient de juftes prétentions à faire valoir fur cette fucceffion.

Principalement l'Electeur de Bavière ; il alléguoit , en fa faveur , une fubftitution bien antérieure à la loi du dernier Empereur , fubftitution établie en 1543 , par le teftament de l'Empereur Ferdinand I , dont la fille Anne d'Autriche fut mariée à Albert V, Duc de Bavière ; par ce teſtament Ferdinand inſtitua cette Princeſſe , ſa fille & ſes deſcendans à perpétuité , héritiers de tous ſes Etats , au cas que la branche maſculine vînt à s'éteindre.

Le Roi de Pruſſe , d'un autre côté , ſans pré-tendre donner aucune atteinte à la Pragmatique ſanction , réclamoit ce qu'il avoit été en droit de réclamer vis-à-vis du feu Empereur même ; ſavoir , les Principautés de Jaegerndorf , de Lignitz , de Brieg & de Waulau , ſitués en Siléſie , ſe fondant pour la premiere , ſur une acquiſition faite par ſes Auteurs en l'an 1524 , & quant aux autres , ſur un acte de confraternité héréditaire de l'année 1537 , entre les Ducs de Lignitz & Joachim II , Electeur de Brandebourg , por-tant qu'au défaut d'hoirs mâles des Ducs de Lignitz , tous leurs Etats ſeroient dévolus à l'Electeur & à ſes deſcendans , & qu'en retour , la ligne maſculine de Brandebourg venant à manquer , tous les Fiefs qu'elle poſſédoit rele-vant de la Couronne de Bohéme , échoiroient aux Ducs de Lignitz ; leſquelles diſpoſitions

n'avoient été fans effet depuis ce tems, que par
des moyens violens, que la feule puiffance des
Empereurs avoit pu autorifer ; de façon que le
Roi de Pruffe, par un mémoire remis aux Miniftres étrangers, qui étoient à Berlin, déclaroit
que fon intention n'étoit nullement d'envahir
les droits de la Maifon d'Autriche, ni de trou-
bler l'ordre de fucceffion établi par la Pragmatique fanction : qu'il ne vouloit que recouvrer ce
que, depuis un fiecle, la Cour de Vienne avoit
injuftement retenu à fes Ancêtres, & qu'il ne
s'éloigneroit jamais d'un accommodement rai-
fonnable.

D'après cette déclaration, & dès le 16 du mois
de Décembre 1740, le Roi de Pruffe entra en
Siléfie à la tête d'une armée, & le 1ᵉʳ Janvier fuivant, il étoit déjà maître de Breflau, capitale de
cette province, tandis que l'Electeur de Bavière
en étoit encore à répandre fes manifeftes, & à
favoir s'il auroit quelques moyens d'appuyer fes
droits d'une manière plus efficace.

Ces deux Princes n'avoient donc ni les mêmes
vues, ni les mêmes intérêts, ni la même puiffance ; mais une autre différence entr'eux, toute
aufli

auffi digne d'être remarquée, c'eft qu'ils n'avoient point du tout la même nature de guerre à entreprendre ; d'où il fuit que leurs opérations militaires , pour être prudemment combinées , ne devoient pas dépendre les unes des autres.

Le Roi de Pruffe , dont les Etats font fitués à l'extrémité feptentrionale de l'Allemagne , n'ayant de voifin qu'il pût craindre , que l'Electeur d'Hanovre , du côté de Magdebourg , au cas qu'il vînt à fe déclarer contre lui dans la fuite des tems , avoit à marcher en Siléfie , avec la certitude morale de s'en rendre maître , fi les événemens de la guerre lui étoient favorables , puifqu'il n'avoit à fe garantir d'aucune diverfion dans les pays de fa domination. La fituation de la Siléfie eft telle entre les montagnes impraticables de la Bohéme , & l'impuiffante Pologne , que les opérations militaires n'y font fufceptibles que d'un petit nombre de combinaifons. Se tenant près des rives de l'Oder , qui partage cette province à-peu-près par le milieu dans fa longueur , l'ennemi ne peut vous dérober que peu de mouvemens. Pour fe porter fur vos derrières , il ne le peut par la Pologne , fans s'éloigner

Tome II. B

de ſes magaſins ; & par le côté des montagnes
de la Bohéme , l'eſpace eſt trop reſſerré pour
n'être pas toujours à tems , ou de tomber ſur ſon
flanc , ou de ſe poſter avantageuſement devant
lui , & l'on n'a point à partager ſes forces pour
couvrir les frontières d'un grand pays. Il n'y a
point à craindre enfin d'être dépoſté par une
diverſion éloignée , & d'être vaincu ſans combattre. Le véritable obſtacle que le Roi de Pruſſe
eut à ſurmonter, étoit quatre places de guerre ;
d'abord Glogaw ſur l'Oder, à l'entrée de la Siléſie,
du côté du Brandebourg. Delà juſqu'à Brieg ſur
la même rivière , à ſoixante lieues au-deſſus de
Glogaw , il n'y avoit que Breſlau, grande ville,
avec une enceinte ſuſceptible de quelque défenſe , mais qui n'avoit , par ſes priviléges , de
garniſon que ſes habitans ; Brieg , petite ville
mauvaiſe ; Glatz à l'entrée des montagnes de
Bohéme , & enfin Neiſs dans la Haute-Siléſie ,
place de guerre paſſable dès ce tems-là , & qui
eſt devenue une des meilleures de l'Europe.
Quatre à cinq mille hommes faiſoient toutes les
forces que la Reine de Hongrie avoit dans ce vaſte
pays , & toutes celles qui pouvoient accourir à

ſa défenſe ne devoient y arriver que par la Haute-Siléſie. Le Roi de Pruſſe en y avançant, couvroit également les parties déjà ſoumiſes , & n'avoit pas plus à craindre pour ſes dernières , que s'il eût borné ſes opérations à ſa frontière ; de façon que les manœuvres de ſon ennemi & celles qu'il avoit à lui oppoſer, étoient les mêmes , ſoit que ce fût la Baſſe ou la Haute-Siléſie qui en dût être le théâtre.

C'eſt dans cette ſituation locale que le Roi de Pruſſe a eu à opérer. Il n'a donc pas dû craindre de s'éloigner. Maître de Breſlau , il s'empara le 3 Janvier du château d'Ohlau ſur l'Oder , à trois lieues au-deſſous de Brieg ; & le 12 le Comte Schwerin ſe rendit maître d'Otmachow & du Pont qui y eſt ſur la Neiſs. Quatre cens dragons de la garniſon furent faits priſonniers de guerre & conduit à Berlin.

Le Roi fit enſuite inveſtir la ville de Neiſs , qu'il fit canonner du 19 juſqu'au 22 , & ſe retira après avoir été repouſſé d'une attaque de vive force qu'il avoit tentée.

Dans ce même tems, le Comte de Schwerin eut ordre de marcher ſur le corps que le Comte

de Braun avoit raffemblé à Neuftat en Haute-
Siléfie ; mais à fon approche ce corps fe replia
d'abord fur Jaegerndorf ; enfuite, par des marches
fucceffives, il fe replia jufqu'à Gratz fur la Mora ,
où le Comte Schwerin l'ayant joint le 25 Janvier,
& l'ayant attaqué, le força d'abandonner la ville,
& l'obligea enfin de fe retirer en Moravie.

Le Roi de Pruffe , ainfi maître de toute la
Siléfie , partit ce même jour 25 Janvier pour fe
rendre à Berlin , laiffant le commandement de
fon armée au Feldt-Maréchal Schwerin , qui la
mit en cantonnement fur les frontières de la
Moravie.

Mais les places fortes n'étoient point réduites ;
cette rapidité dans la conquête ne pouvoit-elle
pas paffer pour imprudence ? Nous ofons pro-
noncer qu'au contraire elle eft une preuve de
fupériorité de génie & de jufteffe d'efprit ; car
c'eft l'effet d'une grande fagacité d'appercevoir
les différences qui naiffent des fituations. La
même manœuvre à la guerre peut être une faute
groffière, ou le figne d'un véritable talent. L'application de ce principe eft facile à faire ici.
Laiffer derrière foi des places de guerre confi-

dérables, ayant de fortes garnifons dans un pays
ouvert de toutes parts, & pouvant être attaqué
de plufieurs côtés par un ennemi fort fupérieur :
ce feroit une manœuvre auffi dangereufe que
mal combinée ; mais en Siléfie les circonftances
étoient toutes autres. Les places petites, en
mauvais état, avoient de très-foibles garnifons :
aucune armée à craindre, du moins, de plufieurs
mois, & les fecours ne pouvant y arriver que
par fon extrémité du côté de la Moravie ; ainfi
le danger de cette manœuvre étoit bien moins
grand. Elle avoit de plus des hafards très-avantageux en fa faveur. Ces places pouvoient tomber d'elles-mêmes, fi elles n'étoient puiffamment
& promptement fecourues ; & les embarras où
la Reine de Hongrie alloit bientôt fe trouver,
rendoient ces efpérances plus que vraifembla-
bles : en voilà, fans doute, plus qu'il n'en faut
pour juftifier des opérations dont le Roi de Pruffe
ne devoit compte à perfonne, & dont fon habileté a fu fi bien le tirer.

Cependant la pofition d'une armée divifée
dans des cantonnemens ; ayant des places point
foumifes derrière elle, ne pouvoit être foutenue

que dans le cas d'une extrême foiblesse de la puissance ennemie, & les grands talens du Roi de Prusse n'étoient pas nécessaires pour sentir le danger qu'il y auroit dans le cas contraire. Aussi partit-il subitement de Berlin sur les premiers avis qu'il reçut d'une armée qui s'assembloit à Olmutz, sous les ordres du Comte de Neuperg, & dès le 7 de Mars il se trouva à la tête de ses troupes en Basse-Siléfie. Aussi-tôt il envoya ordre au Prince Léopold d'Anhalt-Dessau, qui commandoit le blocus de Glogaw, d'attaquer cette place l'épée à la main ; ce qui fut exécuté avec le plus grand succès la nuit du 8 au 9 Mars. La garnison, forte de mille hommes seulement, étoit commandée par le Général Wallis. Les Prussiens n'eurent à cette attaque que neuf hommes tués & trente-huit de blessés. Ce fut un événement bien décisif que cette prise de Glogaw ; elle assuroit la conquête de la Basse-Siléfie, & laissoit au Roi de Prusse la liberté d'aller prendre le commandement de son armée dans la Haute. Il n'y avoit même pas un moment à perdre.

L'armée Autrichienne, aux ordres du Comte de Neuperg, dont les divers corps s'étoient réunis à Sternberg , à l'entrée des défilés des montagnes de Moravie , en partit le 29 de Mars. Elle employa trois jours à furmonter les difficultés que les neiges , point encore fondues , lui opposèrent , & n'arriva que le 31 à Lichtenwerd en Siléfie.

Sur ces mouvemens , le Roi de Pruffe fe hâta de raffembler les divers corps cantonnés dans toute la Haute-Siléfie. Il ne pût faire leur jonction avec ceux qu'il avoit fait avancer pour les renforcer , que le 5 d'Avril à Stainaud , tandis que le Comte de Neuperg , avec fon armée , étoit déjà , ce même jour , arrivé à Neifs ; de façon qu'il avoit gagné deux marches fur le Roi de Pruffe , & l'avoit dépaffé , fans que ce Prince pût l'attaquer , puifqu'il n'étoit point encore raffemblé. Le Général Autrichien s'efforçant de conferver fon avantage , fe hâta d'arriver à Brieg pour en faire lever le blocus , & delà marcher fur Ohlaw pour s'en emparer , ainfi que de la groffe artillerie des Pruffiens qui fe trouvoit dans cette ville ; mais le Roi rompit toutes fes mefures par la célérité de fes mouvemens : il avoit la Neifs à paffer , & pas une place qui lui

affurât ce paffage. Les Autrichiens l'ayant traverfé fur les ponts de Neifs , étoient déjà fur la
rive gauche de cette rivière. Le Roi tenta cependant de la paffer à Sorgue, où il jetta un pont
à quatre lieues environ au-deffous de Neifs ;
mais lorfqu'il voulut en déboucher, il le trouva
mafqué par quarante-neuf efcadrons des ennemis , avec deux régimens d'huffards , l'armée
Autrichienne étant à peu de diftance derrière
cette cavalerie. Cet obftacle trop dangereux à
furmonter , l'obligea à defcendre la rivière juf-
que vis-à-vis de Michelau & Löwen , où il la
paffa le 9. Il y apprit que les Autrichiens étoient
arrivés à Grottgau ; il jugea qu'ils marcheroient
le lendemain fur Brieg , ou qu'ils ne pourroient
s'empêcher d'en paffer fort près s'ils avoient le
deffein d'attaquer le pofte d'Ohlau. Il précipita
donc fa marche , de manière qu'il arriva au village
de Pampitz le 10 à midi , vis-à-vis de Molwits ,
autre village occupé par les Autrichiens , dont
l'armée étoit en marche pour Ohlau. Sur le
champ le Roi de Pruffe déploya la fienne , & fit
attaquer en même tems celle des Autrichiens ,
qui eut de la peine à fe former fous le feu de
l'artillerie

l'artillerie des Pruffiens, fervie très-vivement. Le combat, qui dura jufqu'à la nuit, fut cependant très-vigoureufement foutenu par les Autrichiens; ils ne cédèrent qu'à la dernière charge que le Comte de Schwerin fit avec l'infanterie Pruffienne qui mit en défordre celle des Autrichiens; & la nuit ne permettant pas de la ralier, leur armée fit fa retraite fur Grottgau, enfuite fur Neifs. On a eftimé la perte des Autrichiens à environ quatre mille hommes, & celle des Pruffiens à deux mille. Ainfi ces derniers étant de plus reftés maîtres du champ de bataille, & ayant été en état de former tout de fuite le fiege de Brieg, qu'ils prirent en fix jours, tout l'honneur de cette journée ne peut leur être difputé.

La tranchée fut ouverte devant Brieg le 28 d'Avril, & la capitulation en fut fignée le 4 de Mai. La garnifon n'étoit forte que de quatre bataillons, trois compagnies de grenadiers & une compagnie franche. Elle s'engagea à ne pas fervir de deux ans contre le Roi de Pruffe.

Ces favantes manœuvres du Roi de Pruffe font un bel exemple du danger d'occuper par des cantonnemens une grande étendue de pays, lorfque les cantonnemens font établis en avant d'une place de guerre non foumife, & fans être eux-mêmes appuyés par aucune. Le Roi de Pruffe tenoit la ville de Brieg, ainfi que celle de Neifs, bloquée, & avoit cantonné une armée d'obfervation en avant de la rivière de Neifs, occupant la Haute-Siléfie. Dans cette pofition, il eft évident qu'il eût pris, fans coup férir, ces deux villes, dans le cas où la Reine de Hongrie n'eût pas été en état de raffembler auffi promptement une armée de la force de celle du Comte de Neuperg ; mais s'il étoit un grand homme, il avoit affaire à une grande Princeffe, pleine de courage & d'efprit, fecondée par un corps militaire confidérable, depuis long-tems attaché à fa puiffante Maifon, & commandé par plufieurs habiles Généraux. Les différends relatifs à la Siléfie étant furvenus les premiers, elle fentit la néceffité de les terminer avant d'avoir à répondre à ceux qui devoient les fuivre ; & le Comte de Neuperg fut chargé du foin de vuider cette grande querelle. Il s'y porta avec une activité qui fait autant d'honneur à fes talens qu'à fon zèle. Il ne fallut pas moins que la grande habileté du Roi de Pruffe pour s'oppofer à la rapidité de fes mouvemens.

Tout étoit ici au défavantage du Roi, c'eft-à-dire, dans la nature des opérations & dans les fituations locales ; car il avoit pour lui d'être le Roi, fon confeil & fon Général , avec de très-grands talens militaires ; mais ce n'étoit rien de trop pour une occafion pareille.

Le Comte de Neuperg s'avançoit avec des forces fupérieures ; elles marchoient enfemble en corps d'armée ; il tenoit la grande route , c'eft-à-dire la plus favorable à la promptitude des mouvemens : La route de pofte allant d'Olmutz à Breflau , paffant par Neifs , place de guerre appartenant à la Reine.

Le Roi de Pruffe, au contraire, avoit fes forces divifées en avant de cette même place & de la rivière de Neifs qui la traverfe. Qu'avoit-il à faire ? garder les débouchés des montagnes qui féparent la Moravie de la Haute-Siléfie ? Il étoit trop habile pour entreprendre une opération militaire , qui peut être la première qui fe préfente , mais qui doit être la dernière à choifir. On parvient toujours à forcer des paffages de montagnes , ainfi que ceux des rivières. Il en eft

de même des cantonnemens qu'un Général entre-
prend de foutenir. Dans tous ces cas, l'ennemi
pénétre d'un côté ou d'un autre, & toute armée
étendue qui vient à être percée, eft détruite. Une
bataille perdue a des fuites moins fâcheufes ,
parce que l'armée eft enfemble , & peut encore
trouver des reffources fi elle fait prendre une
bonne pofition.

Le Roi de Pruffe n'a donc dû faire que ce
qu'il a fait à l'arrivée du Comte de Neuperg en
Siléfie ; raffembler fes forces entre la Neifs & les
débouchés venant de la Moravie. Il a choifi, avec
raifon, Neuftat & Steinaud en avant de Neifs, &
fur la droite de la rivière de ce nom qu'il devoit
paffer à Sorgue. S'il eût pu y arriver avant les
Autrichiens , alors il eût pris le moment qui lui
eût paru le plus convenable pour les attaquer.
Il n'a pas dû chercher ce moment avant d'avoir
repaffé la Neifs , parce qu'il n'avoit aucune place
fur cette rivière ; ce qui eût entraîné la perte de
fon armée , en cas d'un malheureux événement.
Rien n'eft donc plus jufte que ce deffein du Roi,
à l'arrivée du Comte de Neuperg , d'abandonner
toute la Haute-Siléfie pour aller prendre une

pofition par delà la Neifs ; mais ce projet du
Comte de Neuperg n'eft-il pas bien beau auffi?
il marche fur tous les quartiers de l'armée du
Roi de Pruffe pour le combattre en avant de la
Neifs, &, dans le cas de fa retraite, fe porter fur
la rive gauche de cette rivière pour lui en défendre le paffage. S'il y eût réuffi, ce qui n'eût pu
manquer d'arriver avec un Prince moins actif,
il faifoit lever en même-tems les blocus de Neifs
& de Brieg : il s'emparoit de toute l'artillerie &
des magafins des Pruffiens à Ohlau , & feroit
rentré dans Breflau.

Mais n'omettons pas une obfervation effentielle fur cette marche du Comte de Neuperg ;
fe portant à Neifs , il laiffoit l'armée du Roi de
Pruffe derrière lui. Un Général avec des vues
moins étendues ; un Général ordinaire , enfin,
eût été arrêté par le motif de garder fa communication avec la Moravie & d'affurer fes fubfiftances ; il n'eût jamais ofé dépaffer fon ennemi ;
mais il a trop bien penfé du Roi de Pruffe pour
croire qu'il pût s'attacher au petit avantage de
le gêner dans fes fubfiftances , en rendant les
fiennes tout auffi difficiles , & s'expofant à perdre

Breſlau , d'où pouvoit réſulter la perte de ſon armée. Ils ne ſe ſont mépris ni l'un ni l'autre ſur ce qu'ils avoient à faire ; & c'eſt l'effet marqué du génie.

Le Roi de Pruſſe a ſenti le danger , & vu d'un coup-d'œil de maître les fâcheuſes ſuites que devoit avoir la réuſſite de ce projet. Se voyant dévancé par le Comte de Neuperg ſur la rive gauche de la Neiſs , il eſpéra de lui ſurprendre un paſſage à Sorgue , & de ſe trouver devant lui à Grottgau ; mais n'ayant pu percer en cet endroit , il traverſe avec la plus grande célérité tout le cercle de Falkenberg , malgré la difficulté du terrein rempli de forêts , coupé d'étangs & de marais formés par la riviere de Steina , où il n'exiſtoit que de petits chemins de traverſe. Il ſurmonta cependant tous ces obſtacles , & arriva à Michelau & Löwen après avoir paſſé la Neiſs , aſſez à tems pour pouvoir ſe trouver en préſence des ennemis à Molwits , leur livrer bataille , & reſter victorieux.

Cette bataille ne fût cependant pas déciſive. Le Comte de Neuperg ſe retira ſur Neiſs , & s'y ſoutint toute la campagne. Le Roi de Pruſſe ne

fe porta qu'à Grottgau , à deux milles en avant
de fon champ de bataille ; & fi Brieg eût été une
ville de guerre plus confidérable ; qu'il eût fallu
en former un inveftiffement régulier ; qu'elle
eût été en état de foutenir un fiége de cinq ou
fix femaines , il n'y a point à douter qu'il n'eût
fallu deux armées au Roi de Pruffe , l'une pour
le fiége & l'autre pour le couvrir ; & il eût fallu
que cette dernière eût été fupérieure à celle du
Comte de Neuperg , conftamment campée fous
Neifs , prête à profiter des occafions favorables.
On fait qu'il n'en eft point de plus avantageufe que celle que préfente un fiége entrepris
fans armée d'obfervation ; mais Brieg ne s'étant
trouvé qu'une petite & mauvaife place , peut-
être mal pourvue , un fimple détachement a fuffi pour la réduire en fix jours ; & toute l'habileté
du Comte de Neuperg n'a pu , dans un fi court
efpace de tems , tirer de cette place quelque
parti avantageux à fa Souveraine.

La feule ville de Neifs a donc pu balancer
quelque tems , toute la fortune de ce Roi qui
fait fi bien l'entraîner par-tout où il lui plaît de
diriger fes pas ? Le Comte de Neuperg en a fait

un pivot , dont il s'eft peu écarté pendant le refte de cette campagne ; & foit que le Roi de Pruffe , qui conduifoit fes négociations avec la même habileté que fes armées , ait été retenu par des efpérances de paix , foit qu'il ait craint de fe commettre, en cherchant à déplacer l'armée Autrichienne campée fous cette ville, il n'a rien entrepris de décifif ; & fi la néceffité n'eût pas forcé la Reine de Hongrie à envoyer des ordres au Comte de Neuperg d'abandonner la Siléfie , pour venir avec toutes fes forces fecourir la Bohéme & l'Autriche , il eft apparent qu'il fe feroit maintenu fur la Neifs le refte de la campagne , puifqu'il n'en partit , pour retourner en Moravie , que le 9 d'Octobre. En ce cas les quartiers d'hiver du Roi de Pruffe euffent été pris , tout au plus près , fur la Schweidnitz, tenant Breflau en avant de fa ligne , dans lefquels il auroit pu n'être pas fort tranquille. Peut-être même eût-il perdu Brieg pendant l'hiver , & c'eût été à recommencer la campagne fuivante.

C'eft cependant l'effet qu'eût produit la feule ville de Neifs , malgré l'état peu refpectable où elle étoit alors : effet capable de garantir une grande

grande province d'être affujettie, même par le Héros du Nord; car enfin le fort des armes eft incertain, & les plus habiles, un jour d'action, n'ont eu jufqu'à préfent que moins de hafards contre eux. Le Roi de Pruffe n'auroit pu occuper à la fin de la campagne de 1741, que la Baffe-Siléfie. S'il eût perdu une bataille la campagne fuivante, il eût pu être forcé de l'abandonner totalement.

Que l'on juge donc combien euffent été plus grandes les difficultés qu'il eût rencontrées dans cette conquête, fi Glogaw eût été une bonne place, au lieu d'en être une fufceptible d'être emportée l'épée à la main; fi Breflau eût été en état de foutenir un long fiège. Quelle armée ne faut-il pas pour inveftir une auffi grande place? & l'on ne peut calculer combien une armée de fecours a d'avantage pour renverfer un inveftiffement auffi étendu. Si Schweidnitz eût été bien fortifié, ainfi que Brieg: fi Neifs eût été ce qu'elle eft aujourd'hui, c'eft-à-dire, prefqu'imprenable, il eût fallu alors plufieurs années pour prendre toutes ces places, & le tems amène de fi grands changemens dans les pofitions, qu'il y a toujours tout à efpérer pour qui peut retarder fes pertes.

Tome II. D

Cette même Princeffe, attaquée alors par tant de Puiffances réunies, en eft un grand exemple. Son courage, & les fautes de fes ennemis, lui ont bientôt valu les plus grands fuccès. Si la Siléfie eût été en état de fe foutenir par elle-même un an de plus, elle feroit peut-être encore fous fa domination, & trois ou quatre bonnes places euffent fuffi pour apporter cette grande diffé-rence dans fa fituation.

Il nous femble que rien n'eft plus évident que ces différentes affertions. Un certain nombre de bonnes places euffent confervé la Siléfie à la Reine de Hongrie, & il s'en eft fallu de peu que le petit nombre de mauvaifes qui y étoient, n'ait fuffi pour qu'elle l'ait encore. Peu de réflexions vont en convaincre. Si le Roi de Pruffe eût perdu la bataille de Molwitz: qu'il eût été forcé, dans tout le défordre d'une défaite, de fe replier du côté de la Haute-Siléfie: de repaffer la Neifs enfin, (1) que feroit-il devenu? Comment auroit-

---

(1) Il eft néceffaire ici d'avoir la Carte fous les yeux pour connoître combien il étoit poffible, qu'après la perte de cette bataille, l'armée du Roi de Pruffe eût été pouffée fur la Neifs, du côté de Michelau, où il l'avoit déjà paffé.

il pu revenir à Breſlau ? L'armée Autrichienne victorieuſe y eût été avant lui. Notre confiance dans les talens ſupérieurs de ce Prince , ne nous laiſſe cependant pas douter qu'il n'eût pu trouver des reſſources dans cette grande extrémité ; mais on ne peut diſconvenir qu'il auroit eu du moins de très-grandes difficultés à ſurmonter ; & qu'elle eût été la cauſe d'une pareille détreſſe? Une bataille perdue au milieu de pluſieurs mauvaiſes places point encore ſoumiſes. C'eſt une vérité ſenſible. Ainſi , ſi des places médiocres ont un auſſi grand objet d'utilité, de quel prix ſeront donc les bon-nes ? & quel déſavantage pour la Puiſſance qui ſe trouvera n'en avoir aucune ! C'eſt ce que nous avons eu le deſſein de prouver en commençant ce Chapitre , & nous allons bientôt en donner encore de nouvelles preuves.

Nous avons dit que la Maiſon de Bavière n'avoit ni les mêmes droits à faire valoir que le Roi de Pruſſe , ni la même nature de guerre à entreprendre. En effet, c'étoit, d'un côté, l'ordre de la ſucceſſion établi par la Pragmatique ſanc-tion du feu Empereur , que l'Electeur prétendoit annuller , & de l'autre c'étoit les deux Autriches

& la Bohème qu'il avoit à conquérir. Ces pays, tout autrement fitués que la Siléfie, fe trouvoient avoir des rapports beaucoup plus compliqués. Le champ à parcourir étoit des plus vaftes. Des frontières à garder dans les trois quarts du cercle de la fphère qu'on avoit à embraffer, & pas une place de guerre, ni vers le centre, ni vers les extrémités. Les moyens pour foutenir d'auffi vaf- tes prétentions avoient été totalement négligés. La Maifon de Bavière n'avoit pas fait la même fortune, à beaucoup près, que la Maifon de Brandebourg, dont la puiffance, dans l'efpace de foixante à quatre-vingt ans, avoit plus que décu- plé. Le pere de l'Electeur de Bavière, Maximilien, s'étoit au contraire épuifé, pour aider de fa perfonne & de fes troupes l'Empereur Léopold, dans fes diverfes guerres contre les Turcs, & cet Electeur s'y étoit diftingué d'une façon très- brillante pendant les années 1685, jufqu'en 90; mais ces guerres l'avoient réduit en 1692, à la néceffité d'accepter du Roi d'Efpagne le gouver- nement des Pays-Bas. Cependant, tant de fer- vices rendus, tant de zèle pour les intérêts de l'Empereur, ne le garantirent point du traite-

ment le plus rigoureux , lorfqu'il crut devoir
embraffer les intérêts de Philippe V, fon neveu ,
appellé à la fucceffion d'Efpagne. L'Empereur
irrité , le fit mettre au ban de l'Empire ; par un
décret du 29 Avril 1706 , il fut privé de tous fes
Etats ; il ne put y être rétabli qu'en 1714 , par
la paix de Baden , & mourut à Munich le 26
Février 1726. Son fils Charles Albret , élu Empereur en 1742 , lui fuccéda.

Lorfque ce Prince fut appellé au gouvernement de fes Etats, par la mort de fon pere en 1726 ,
l'Empereur Charles VI n'avoit que deux filles.
Il n'avoit point eu d'enfans depuis huit ans ; il y
avoit donc la plus grande probabilité que ce
Prince n'auroit qu'une defcendance féminine :
ainfi cet Electeur a connu dès-lors l'importante
fucceffion qu'il avoit un jour à réclamer ; mais
l'on ne voit pas , pendant les quatorze années
qui fe font écoulées jufqu'à la mort de l'Empereur Charles VI , qu'il ait cherché à augmenter
fes moyens. Il n'eft cependant pas poffible que
des Etats foient placés plus défavantageufement
que ceux de Bavière le font , relativement à ceux
de la Maifon d'Autriche. Les frontières de cet

Electorat ont plus de cent cinquante lieues d'étendue, depuis l'extrémité feptentrionale du Haut-Palatinat, jufqu'à fon extrémité méridionale, toujours limitrophes de la Bohème, de l'Autriche ou du Tirol, poffédés par cette Maifon rivale. Malgré fa grande étendue, fi cette frontière avoit été en état, fa défenfe n'auroit pas exigé des forces confidérables. Que l'on eût mafqué par des forts les débouchés des montagnes de Bohéme, d'un côté; du Tirol de la Carinthie, de l'autre: que l'on eût établi quelques places de guerre fur le Danube, & fur les rivières d'In & d'Yfer, la Bavière non-feulement n'eût eu rien à craindre de la Puiffance Autrichienne, mais fût devenue très-menaçante pour elle.

C'eft dans cette fituation que cet Electorat eût dû fe trouver à la mort de l'Empereur Charles VI, dès que cette Maifon étoit dans l'intention de faifir ce moment pour s'élever; & même dans tous les tems, les Etats des Electeurs de Bavière, placés ainfi fous la main de la Puiffance Autrichienne, ne leur permettoient pas de laiffer leurs frontières tout ouvertes. Ces Princes ont toujours entretenu un corps de troupes affez con-

fidérable pour bien garder leurs places. C'eſt
dans cette ſituation ſeulement qu'un petit Etat
militaire peut être reſpecté. Lorſqu'il y a pluſieurs ſièges véritables à faire pour ſe rendre
maître d'un pays, on compte avec le Souverain
de ce pays, toujours redoutable alors, par les
ſecours qu'il peut appeller ; parce que ces
ſecours, à l'appui des places de guerre, ſont
en état d'agir tout de ſuite offenſivement, ſi
leur force le comporte. C'eſt la ſeule reſſource
des petites Puiſſances. Les Electeurs de Bavière
paroiſſent avoir été en état d'entretenir en tems
de paix dix à douze mille hommes. Ce corps
de troupes, s'il eſt bien tenu, bien diſcipliné,
peut être augmenté & porté juſqu'à vingt-quatre
& trente mille hommes pour une guerre importante. Cela eſt facile, ſur-tout avec des Alliés
aſſez puiſſans pour les payer. Toutes ces nouvelles troupes nationales ſont très-utiles quand
il y a des places ; elles les garniſſent & y ſervent
auſſi-bien que les plus anciennes ; mais lorſqu'il
n'y en a point, il faut s'en ſervir en campagne,
quelque dangereux que cela ſoit, & bientôt elles
y ſont réduites à rien, moins par les coups de

fufil que par les maladies qui les détruifent. Ces corps nouvellement levés, font donc, dans ce cas, d'une grande dépenfe & d'une foible ref-fource, tandis que dans des garnifons elles deviennent le falut des armées, foit par les fub-fiftances qu'elles leur affurent, foit par les points d'appui qu'elles leur offrent.

Mais la France ayant cru devoir foutenir les droits de l'Electeur de Bavière; fans confidérer les moyens dont ce Prince étoit dénué; elle mit toute fa confiance dans les valeureufes troupes deftinées à l'exécution de ces vaftes deffeins. Cette confiance eût, fans doute, dû fuffire, fi le nombre des troupes eût été proportionné à l'étendue des conquêtes & aux forces qui de-voient s'y oppofer. Le principe fondamental de toutes les combinaifons militaires, c'eft de pro-portionner les armées, fuivant la nature & la fituation des pays où elles auront à opérer; fui-vant le nombre de troupes qu'elles auront à y combattre, & fuivant l'efpece de guerre qu'elles auront à y faire. Les projets formés en faveur de l'Electeur de Bavière étoient offenfifs : ils devoient s'exécuter dans la vafte étendue de la

Bavière,

Bavière, des deux Autriches, de la Bohéme & de la Moravie ; ils devoient s'exécuter malgré toutes les forces militaires de la Maison d'Autriche qu'il falloit détruire ; & ils devoient enfin s'exécuter par des armées Françoises à deux cens lieues de leurs frontières.

Ne pourroit-on pas demander comment on a pu se flatter un seul instant d'y réussir, avec les moyens qu'on y a employés ? Mais il paroît que l'impulsion une fois donnée par un Agent puissant, la boule a roulé, au hasard de ce qu'elle auroit à rencontrer en son chemin. Quarante mille hommes de troupes Françoises, dix à douze mille Bavarrois ont été mis en mouvement pour dépouiller l'Héritière de toute la Puissance Autrichienne. Nous n'admettons dans ce calcul les troupes Saxonnes que pour peu de chose, & les Prussiennes pour rien. L'Electeur de Saxe, Roi de Pologne, ne pouvoit avoir qu'une très-petite part dans la dépouille de la Reine de Hongrie, par la nature de ses droits. De-là, ses efforts ne pouvoient qu'y être proportionnés. Le Roi de Prusse agissoit en Silésie pour son compte seul. On devoit s'attendre à sa défection, dès qu'il y

Tome II. E

trouveroit fon avantage. Il y a plus ; c'eft que dans ces fortes de cas, où plufieurs Puiffances ont à agir contre une feule, dans différentes parties, c'eft une erreur groffière de compter toutes ces différentes forces féparées, comme fi elles étoient réunies, & d'admettre la probabilité des fuccès, en raifon de la fupériorité des forces totales fur celles de l'ennemi commun. On ne peut pas calculer ainfi, en calculant jufte ; la raifon en eft fenfible. La Puiffance attaquée de cette manière par plufieurs autres féparées, peut être enfemble, ou du moins y tenir la plus grande partie de fes forces, pour tomber fur celle qui lui paroîtra dans le moment moins en état de lui réfifter. Elle abandonnera l'une pour quelque tems ; ce tems, elle l'employera à frapper un coup décifif fur l'autre, pour revenir enfuite fur la première. C'eft fpéculer fauffement que de s'attendre à voir l'armée laiffée par l'ennemi commun, le fuivre d'affez près pour qu'il puiffe fe trouver entre deux feux, lorfqu'il atteindra celle fur laquelle il aura marché. D'excellentes raifons militaires s'y oppofent, indépendamment de celles que l'intérêt particulier ne manque pas

de fournir. En fuivant une armée qui s'éloigne,
auffi près qu'il le faudroit pour pouvoir l'attaquer,
en même-tems qu'elle feroit occupée à en combattre une autre, l'armée pourfuivante feroit
infailliblement attaquée elle-même la première,
& l'on ne va pas ainfi volontairement au-devant
des coups deftinés pour d'autres. Il faudroit donc
fe tenir dans cette pourfuite à deux ou trois marches au moins. Alors on n'eft plus en mefure ;
mais une autre confidération, non moins puiffante, c'eft la dévaftation du pays. Sur les traces
d'une armée on n'y trouve ni fubfiftances, ni
chemins. Pour peu qu'il ait plu, l'artillerie & les
équipages les auront rompus entièrement. Il eft
donc beaucoup de cas où la pourfuite de près
feroit impoffible, quand la volonté y feroit toute
entière. Après une bataille décifive, ne voit-on
pas avec quelle peine l'armée victorieufe parvient
feulement à joindre l'arrière-garde de l'armée
vaincue ?

D'où il fuit que toutes ces combinaifons de
mouvemens, entre des armées alliées qui doivent
agir féparément, font fufceptibles de toutes fortes d'erreurs, & d'erreurs les plus préjudiciables

à l'objet commun. La guerre dont nous nous occupons, en eſt une preuve qu'on doit joindre à mille autres preuves que l'Hiſtoire de tous les tems fournit.

Mais ſi les différens corps de troupes Fran-çoiſes, envoyées en Bavière, n'étoient pas intrin-féquement de force compétente pour aſſurer les ſuccès, il ſemble que le choix des opérations auxquelles ils ont été deſtinés , a décidé leur infériorité d'une manière à ne pouvoir raiſonna-blement en eſpérer rien d'utile ; & pour mettre le comble aux déſavantages , c'étoit l'Electeur lui-même qui en avoit été nommé le Généraliſ-ſime. Ce Prince , on ne peut pas plus reſpec-table , plein de valeur , & de toutes les qualités les plus eſtimables , eût-il été reconnu pour un des meilleurs Généraux de l'Europe , étoit trop intéreſſé dans cette cauſe pour lui en confier le gouvernement. D'une part , le deſir ſi naturel de s'agrandir ; de l'autre , cet amour ſi louable pour ſes peuples , devoient néceſſairement mettre ce Prince dans une continuelle contrariété de volon-té , ſoit pour acquérir , ſoit pour conſerver , qui auroit détruit les opérations les mieux combinées.

C'eſt ce qui ne s'eſt que trop apperçu dans cette malheureuſe guerre. L'Electeur , d'intelligence avec l'Evêque de Paſſaw , s'étoit emparé, dès la fin de Juillet 1741 , de la ville de Paſſaw, au confluent du Danube & de l'Inn , & du château d'Oberhaus ſur la rive gauche du Danube. Il n'exiſte pas de place , dont la ſituation ſoit plus favorable pour la plus vigoureuſe défenſe. Le château d'Oberhaus eſt placé ſur des hauteurs eſcarpées fermant le confluent de la petite rivière d'Iltz. Il n'eſt acceſſible que par un front fort étroit, qui peut être facilement rendu de la plus grande force. A la rive droite de l'Inn , vis-à-vis de Paſſaw , eſt une autre ville nommée Innſtat , dont les approches peuvent être rendues très-difficiles , en occupant des hauteurs ſuſceptibles d'une bonne défenſe. Ce poſte qui commande la navigation des deux rivieres , étoit donc de la plus grande importance: il rempliſſoit les objets les plus utiles : il falloit d'abord s'en aſſurer la poſſeſſion par tous les moyens poſſibles ; il falloit en faire un principal dépôt de munitions & de ſubſiſtances de toute eſpece , pour les porter en avant par le Danube , en cas de ſuccès , ou pour les retrouver, si les événemens obligeoient d'établir une défensive derrière la rivière d'Inn, qui eſt la barrière naturelle de la Bavière. Paſſaw enfin, étant en la poſſeſſion de l'Electeur, devoit être conſervé avec le plus grand ſoin.

Il falloit de même, & avant tout, mettre en état de défenſe les petites villes de Scharding & de Braunau, ſur cette même rivière d'Inn. Il ſuffiſoit, pour que ces villes fuſſent dans le cas de pouvoir être priſes de vive force & de ſoutenir un ſiége, de leur former un chemin couvert paliſſadé, avec avant-foſſé, ſoutenu de bonnes lunettes dans les rentrants, fraiſées & paliſſadées, de creuſer le grand foſſé, & rétablir les parapets du rempart en en fraiſant les taluds. Quelqu'irrégulière, & quelque mauvaiſe que ſoit l'enceinte d'une ville, elle peut fournir de très-grandes reſſources, lorſqu'elle eſt remiſe en état, qu'elle eſt couverte d'ouvrages extérieurs. Tous ces travaux ne ſont que des terres à remuer ; quelques mois ſuffiſent pour les exécuter ; il ne faut que des bras. L'Electeur avoit ſes troupes, dont une partie pouvoit y être employée. Depuis la mort de l'Empereur, au mois d'Octobre 1740, il s'étoit paſſé onze mois avant le commencement des opérations militaires. Il pouvoit faire fournir des Pionniers à toute la Bavière, & faire travailler à la fois fur le Danube, à Straubing, à Deckendorf & Paſſau. Sur l'Inn, à Scherding & Braunau. Sur l'Iſer, à Landau, Dinguelfing, Landshut & Munich. Cette capitale de fes Etats ne méritoit-elle pas quelqu'attention ? Il étoit poſſible de la mettre dans un bon état de défenſe, & fur-tout d'en éloigner les approches, en la couvrant par quelques forts avancés, placés dans les poſitions avantageuſes que fes environs fourniſſent. Une grande guerre à entreprendre exige de grands efforts. Toutes les cordes doivent être également tendues pour multiplier les forces. Lorſqu'on n'a rien prévu, on ne peut remédier à rien.

Mais à peine la première diviſion des troupes Françoiſes fut-elle arrivée en Bavière, que l'Electeur entra en Autriche. Il s'avança d'abord juſqu'à Lintz, où il entra fans oppoſition le 12 de Septembre. Les Autrichiens l'évacuerent à fon approche. Le Marquis de Leuville y arriva le 14 avec la première diviſion des troupes Françoiſes; la dernière y arriva le 20; & dès le 23, toutes les troupes Françoises & Bavaroises marchèrent à Ens, & ce ne fut que le 29 que la cavalerie, aux ordres du Comte de Saxe, y arriva. L'infanterie embarquée sur le Danube à Donawert avoit fait plus de diligence.

Le 4 d'Octobre les deux armées passèrent l'Ens, & arrivèrent le 7 à Ips. Le 12 & le 14 les Comtes de Mortagne & Daubigné s'emparèrent de Mœlck & de Saint-Polten : le 20 les troupes Bavaroises allèrent camper à Mautern, & le 21 celles de France vinrent à Saint-Polten. Tout plioit devant l'Electeur. Les Autrichiens trop prudens pour entreprendre de défendre des villes toutes ouvertes, les avoient évacué. La Cour en se retirant à Presbourg, avoit laissé le Comte de Kevenhuller pour la défense de Vienne. On leva des contributions jusqu'à la porte de ses fauxbourgs.

Mais, malgré le brillant de cette situation, l'Electeur étoit déjà inquiet pour ses propres Etats. Des régimens Autrichiens venant d'Italie, menaçoient la Bavière du côté du Haut-Lecht. Pour la couvrir dans cette partie, il détourna de leur destination les régimens de Rohan & Souvré infanterie,

infanterie, avec ceux de Beaufremont & Sainte-Mefme dragons, commandés par le Marquis Duchâtel, Meftre-de-camps. Cette divifion reçut ordre de fe rendre fur les frontières du Tirol, de Donawert, où ils devoient arriver les 12 & 15 d'Octobre.

Ainfi les opérations étoient à peine commencées, qu'il fallut employer les troupes du Roi à garantir une des frontières les plus éloignées de la Bavière. Tout annonçoit donc la néceffité de fe tenir enfemble ; & dans les projets offenfifs qu'on fe propofoit d'exécuter, de préférer ceux qui laiffoient les armées à portée de la défendre. Le projet du fiége de Vienne étoit le premier que l'Electeur auroit dû préfenter à la France. Il n'y en avoit aucun de plus utile pour lui, en commençant fes opérations. Il couvroit en même-tems fon pays, où il eût trouvé, en cas de revers, des points d'appui fous les places de fes frontières ; en infiftant fur la néceffité de cette opération, il en eût réfulté un autre avantage pour lui, c'eft que la France eût été obligée de lui donner des fecours plus confidérables ; car quelque peu d'attention qu'on ait pu faire à tout ce

que devoient exiger les projets adoptés , il n'eft
perfonne qui n'eût fenti que le fiége de Vienne
ne pouvoit s'entreprendre avec les troupes Bavaroifes , & feulement quarante mille hommes de
celles de France. La ville de Vienne , proprement dite , eft enceinte de baftions , revê-
tus avec des flancs retirés , qui paroiffent être
fuivant le fyftême du Chevalier de Ville. Cette
enceinte eft entourée de bons foffés , avec contrefcarpe , demi-lune & chemin couvert. Une
efplanade d'environ cent cinquante toifes de
largeur , la fépare des fauxbourgs qui l'entourent , & qui font auffi vaftes que magnifiques par
la quantité de palais qui y font fitués. Le Danube
la borde du côté du fauxbourg de Léopoldftadt.
Des retranchemens irréguliers , mais qui pourroient être d'une affez bonne défenfe , entourent
ces fauxbourgs ; de manière que la circonvallation de cette place devant embraffer en même-
tems le Danube , fort large dans cette partie ,
eft d'une très-grande étendue. Les Turcs l'ont
affiégé deux fois fans fuccès , quoiqu'ils y euffent
plus de deux cens mille hommes.

Soliman II ouvrit la tranchée devant cette

place le 27 Septembre 1529. Elle avoit alors d'anciennes murailles couvertes par un bon foſſé & un rempart; mais une partie de l'artillerie de Soliman qui remontoit le Danube , ayant été coulée à fond par le Gouverneur de Presbourg, & Soliman ayant été repouſſé à pluſieurs aſſauts, ſe retira le 14 Octobre, à l'arrivée des forces que l'Empereur Charles-Quint amenoit au ſecours de la place. Elle a été fortifiée depuis par un rempart baſtionné ; & c'eſt en cet état qu'elle fut de nouveau aſſiégée par les Turcs en 1683, ils y ouvrirent la tranchée le 14 de Juillet. Le Grand-Viſir Caramuſtapha y forma pluſieurs attaques, & établit un grand nombre de batteries de canons ; mais la place étoit pourvue d'une nombreuſe garniſon, réſolue de ſe défendre juſqu'à la dernière extrémité , & les aſſiégés ſavoient qu'ils ſeroient ſecourus. En effet, le Roi de Pologne, Jean Sobieski, parut avec ſes troupes le 11 de Septembre ſur la montagne de Kalemberg , & le 12 il attaqua les infidèles avec tant de vigueur, qu'il les força, après même un combat court & peu meurtrier, à paſſer le Danube, abandonnant l'étendard de Mahomet & la plus grande partie de leurs équipages, avec cent quatre-vingt pièces de canons ou mortiers. Il en coûta la vie au Grand-Vifir Caramuftapha, que le Grand-Seigneur fit étrangler ; ainfi cette ville étant alors telle qu'elle eft aujourd'hui, réfifta deux mois à une armée de plus de deux cens mille hommes. Avec quelque peu d'habileté que les attaques aient pu être dirigées, il en réfulte toujours que la réduction d'une place de cette efpèce, ne peut s'opérer que par le moyen d'un grand fiége, protégé par une armée d'obfervation confidérable.

Une telle entreprife ne pouvoit donc être formée avec moins de cent mille hommes, dont trente mille deftinés au fiége, & foixante-dix mille placés au-deffous de Vienne, à cheval fur le Danube, prêts à fe porter du côté où l'ennemi auroit pu fe diriger. L'Electeur de Bavière en avoit à peine quarante-cinq mille. Le fiége de Vienne, que tant de perfonnes ont reproché à l'Electeur de n'avoir pas fait, étoit impoffible ; mais fi ce fiége étoit impoffible, étoit-il plus praticable d'entreprendre la conquête de la Bohéme ? Deux divifions des troupes de France, auxiliaires de l'Electeur, avoient été dirigées par le Haut-

Palatinat de Bavière fur Pilfen , petite ville de Bohéme ; ce qui prouve qu'il entroit dans le plan général d'envahir auffi la Bohéme. La Cour de France , en adoptant ces vaftes projets , avoit exigé expreffément que les troupes du Roi agi-roient enfemble , pour ne pas les compromettre ; cependant elles fe trouvoient déjà difperfées fur les frontières du Tirol , en Autriche & en Bohéme. Le Maréchal de Belle-Ifle , chargé de veiller à l'exécution des conventions , voyant cette dif-perfion , & l'Electeur fi avancé dans l'Autriche , lui fit , à ce fujet , les repréfentations les plus fortes. Il lui dépêcha plufieurs courriers pour l'engager à réunir toutes fes forces en Bohéme. Il étoit fans doute très-tentant pour l'Electeur , de s'emparer de ce Royaume & d'être couronné Roi de Bohéme ; mais en y marchant avec toutes les troupes qui fe trouvoient avec lui près de Vienne , c'étoit abandonner l'Autriche , & par une fuite infaillible , perdre fes propres Etats. Perfonne n'ignoroit que la Reine de Hongrie raffembloit de toutes parts fes troupes ; qu'au moyen des fubfides fournis par l'Angleterre , elle levoit des corps confidérables en Hongrie ,

en Stirie , Carinthie & Croatie ; on favoit enfin
que dans peu elle auroit une armée confidérable
en Autriche , & cette armée menaçoit également
la Bavière. L'Electeur fe flatta de remplir tous
les objets , en laiffant fur le Danube un corps de
douze mille hommes environ , tant de fes troupes que de celles de France , & fe détermina à fe
porter en Bohéme avec le refte.

D'après ce plan , auquel il s'arrêta , la première
divifion de fes troupes , compofée de douze
bataillons & feize efcadrons , paffa le 25 Octobre
le Danube au pont conftruit à Crems , pour fe
rendre à Budweis. L'Electeur fe replia fur la
rivière d'Ens ; il arriva à Ens le 1ᵉʳ Novembre ,
y féjourna le 2 , pour y régler les difpofitions
défenfives , néceffaires à la confervation de fes
conquêtes dans cette partie. Les troupes Françoifes qu'il y laiffa aux ordres du Comte de
Ségur , eurent ordre de défendre la rivière d'Ens
avec la Haute-Autriche. Il y fit revenir les régimens François qu'il avoit envoyé fur les frontières du Tirol , fur lefquelles il n'y avoit plus
à craindre , depuis que les neiges avoient fermé
tous les paffages dans les montagnes , & il laiffa

feulement cinq bataillons Bavarois avec le régi-
ment de cavalerie de Cofta, fous les ordres du
Comte Minutzy, pour la garde de Steyr & de la
Haute-Ens.

Ses ordres étant donnés, l'Electeur paffa le
Danube le 3 Novembre, arriva le 8 à Budweis.
Il prit le 12 la route de Prague, & arriva le 18 à
Kónigfaal, où il fit jetter un pont fur la Moldaw.

Toutes les troupes Françoifes étant en Bavière,
à l'exception de celles compofant le corps aux
ordres du Comte de Ségur, le fuivirent en Bohéme. Elles arrivèrent à Budweis le 15 Novembre;
d'un autre côté, les divifions aux ordres du Marquis de Gaffion, qui avoient marché par le Palatinat de Bavière, & s'étoient rendues à Pilfen
le 6 Novembre, continuèrent leur marche pour
arriver le même jour 19 à Kónigfaal, de manière
qu'elles fe trouvèrent réunies fous les ordres
directs de l'Electeur ; tandis que vingt mille
Saxons s'étoient rendus à une lieue de Prague,
du côté de la Baffe-Moldaw, & que dix mille
Pruffiens, aux ordres du Prince Léopol d'Anhalt,
étoient reftés à Jung-Buntzelau, à douze lieues
de la même ville.

Ces difpofitions étoient fans doute très-grandes ; le fiége de Prague en étoit l'objet. La tranchée fut ouverte devant cette ville le 25 Novembre, & le 26 au matin, elle fut emportée l'épée à la main. Aucune action ne fût jamais ni plus brillante ni plus heureufe.

Pour apprécier la valeur de ce bienfait de la fortune, il faut confidérer un inftant les pofitions refpectives des différens corps en mouvement à la fois, foit pour concourir à ces grands deffeins, foit pour s'y oppofer.

L'armée du Comte de Neuperg ayant eu ordre d'évacuer la Siléfie, fe mit en marche le 9 Octobre, ainfi que nous l'avons dit, pour fe rendre en Moravie, ne laiffant que mille hommes de garnifon dans Neifs. Après le départ de cette armée, le Roi de Pruffe, entièrement maître de la campagne, ne s'occupa plus que de la réduction de la ville de Neifs. M. de Saint-André, Gouverneur, avec une garnifon auffi foible, une place en très-mauvais état, & ne pouvant efpérer aucun fecours, figna fa capitulation le 31 Octobre. Le 5 de Novembre le Roi de Pruffe quitta l'armée pour fe rendre à Breflaw, où il reçut

l'hommage

l'hommage & le ferment de fidélité des Etats de Siléfie ; il refta dans cette ville jufqu'au 9 de Novembre qu'il partit pour Berlin.

Cependant le Grand-Duc avoit joint l'armée du Comte de Neuperg le 5 de Novembre à Jaï-pits en Moravie. Cette armée devoit agir en Autriche ou en Bohéme, en fe réglant fur les opérations de l'Electeur de Bavière ; & comme ce Prince avoit abandonné le Danube le 3 de Novembre pour fe porter en Bohéme, le Grand-Duc étoit parti de Vienne le 4, & dès le lende-main de fon arrivée à l'armée du Comte de Neu-perg, il détacha le Général Nadafti avec tous les Huffards pour faire fon avant-garde & s'emparer de Newhaus, en Bohéme, près de Tabord. Ce Général y trouva M. de Bonnaire, Lieutenant-Colonel du régiment de Berchiny, avec cinq cens hommes qu'il fit prifonniers. Le Grand-Duc arriva le 16 à Newhaus avec fon armée, renforcée par cinq mille hommes du corps du Prince de Lob-kowits qui campoit près de Prague, ce corps s'étant retiré à l'approche de l'armée, commandée par l'Electeur.

Le Marquis de Leuville fe trouvoit à Budweis

avec les troupes Françoifes venant d'Autriche lorfque le Grand Duc arriva à Newhaus, à fix lieues de Budweis. Cet Officier général en partit le 20, paffa la Moldaw & brûla fes ponts. Il joignit le jour fuivant le Maréchal de Toerring avec les troupes Bavaroifes qui étoient fous fes ordres à Protivin, & continua fa marche pour Konigfaal près Prague.

Le Grand-Duc avoit marché dès le 19 fur Prague, fe dirigeant par Tabord, & il arriva à Bennefchau, à huit lieues de Prague, le 26, le même jour que cette ville avoit été efcaladée. Dans cette fituation des chofes, il fut forcé de fe replier fur fes derrières pour fe régler fur les mouvemens des Alliés qui pouvoient, en fe réuniffant, devenir beaucoup plus forts que lui. Ce Prince établit fon quartier général à Newhaus; il étendit fa droite, commandée par le Prince Lobkowits, jufqu'à Teuchbrod. Sa gauche occupoit Freiftat, Krumaw & bordoit la Haute-Moldaw jufqu'à Tein, tenant par des corps avancés de l'autre côté de la Moldaw, Vodnian, Piffec, Strakonits, Protivin, &c. en attendant les mouvemens des armées combinées dans cette pofition;

il fubfiftoit plus commodément & tenoit fermée la grande route de Prague à Lints.

Les opérations de l'Electeur avoient réuffi juf-qu'alors au-delà même de toute efpérance, car le fiége de Prague avoit été entrepris le 25 de Novembre, & l'on ne devoit pas fe flatter de l'emporter l'épée à la main en vingt-quatre heures. C'étoit une entreprife très-hafardée, fi l'on peut le dire ; le Comte de Saxe avoit prévu tous les dangers d'une marche fur Prague, dès qu'il fut queftion de l'exécuter. On voit par fa lettre à l'Electeur, de Konigfaal le 22 Novembre, qu'il s'y étoit oppofé à Saint-Polten en Autriche avant le départ des troupes pour la Bohéme. Il déclare dans cette lettre, que c'eft contre fon avis qu'on eft venu devant Prague, & s'exprime ainfi :

« On s'eft preffé, Monfeigneur, de venir devant » Prague au lieu de fuivre mon fentiment (1), » que je crois d'une telle importance, que pour » n'y avoir pas adhéré, la perte de la Haute-Au-

(1) Le plan d'opérations que le Comte de Saxe vouloit qu'on pré-férât, étoit de refter enfemble dans la Haute-Autriche, tandis que les Saxons, avec la divifion des troupes Françoifes qui avoient marché en Bohéme, feroient le fiége de Prague.

G 2

» triche s'en fuivra, & que nous manquerons la
» conquête de la Bohéme fi, par une conduite
» prompte, ferme & convenable, l'on ne répare
» cette faute.

  » Nous avons ici près de quarante mille hom-
» mes. Il faut dès demain jetter des ponts fur la
» Moldaw, & marcher au-devant des ennemis
» qui marchent à Prague. Avec un tel corps nous
» ne devons rien redouter : nous pouvons d'ail-
» leurs prendre des pofitions qui nous donneront
» tout le tems d'attendre le corps de M. de Leu-
» ville & vos troupes qui feront ici dans fix jours.
» Pour lors nous ferons fupérieurs aux ennemis
» en nombre, & fans doute en qualité de troupes.
» La prife de Prague, celle de la Bohéme, la con-
» fervation de la haute Autriche, celle de vos
» propres états & de l'armée feront, Monfei-
» gneur, une fuite de cette démarche. J'ofe
» affurer Votre Alteffe Electorale que fi elle dif-
» fère à prendre ce parti, le manque de fubfif-
» tance l'obligera à abandonner la Bohéme & de
» fe retirer dans la Bavière, où le même défaut
» de fubfiftance fera périr les troupes Françoifes
» & les fiennes. Pardonnez, Monfeigneur, fi j'ofe

» prendre la liberté de vous faire ces repréſenta-
» tions, mais je les ai cru néceſſaires parce qu'il
» m'a paru qu'on inclinoit à ſe retrancher & à
» garder la Moldaw, qui eſt ce qui peut nous
» arriver de plus fatal.

    » Je ſuis avec reſpeĉt, &c.

      » *Signé*, MAURICE DE SAXE ».

Il paroît en effet que l'armée de l'Eleĉteur
auroit été encore, à tems le 22 de ſe porter ſur
la Zaſſava. Le Grand-Duc n'arriva que le 26 à
Beneſchou. Le Marquis de Leuville & le Maréchal de Toerring avec le corps de troupes conſidérable qu'ils commandoient auroient joint
l'armée derrière la Zaſſava en même-tems qu'elle
y feroit arrivée, puiſqu'elle alloit, pour ainſi
dire, au-devant d'eux par ce mouvement ; mais
il faut convenir que ce projet ne laiſſoit que le
choix de vaincre ou mourir. La retraite, en cas
de malheureux ſuccès, eût été impoſſible. Une
ville ennemie & une rivière derrière ſoi, l'armée eût été entièrement détruite ſi elle n'eût
été viĉtorieuſe. Cette propoſition étoit plus hé-
roïque que réfléchie. Cependant il falloit prendre
un parti : il n'y avoit pas un moment à perdre ;

ce fut alors que l'imprudence de l'entreprife parut avec toutes les couleurs qui pouvoient la rendre plus fenfible.

Le Comte de Saxe, inftruit le 25 au matin, par le rapport des partis qu'il avoit envoyés à la découverte, que l'avant-garde de l'armée du Grand-Duc forçoit fa marche pour arriver le lendemain à Prague, ne voyant plus d'autre parti à prendre qu'une retraite honteufe ou de tenter d'emporter la ville de vive force, écrivit à l'Electeur ce qui fuit:

» Monfeigneur,

» Je viens d'apprendre que l'on doit jetter » demain quatorze mille hommes dans la place. » Il ne nous refte de reffource que de faire atta- » quer Prague de vive force. Les deux mille » hommes qui y font de garnifon ne peuvent » réfifter à nos efforts fi nous l'attaquons par » plufieurs côtés; & la bourgeoifie armée, quoi- » que très-nombreufe, ne doit pas nous effrayer: » ainfi, fi Votre Alteffe Electorale veut faire faire » deux attaques aux Saxons, dont l'une par le » gros de leurs troupes & l'autre par le détache- » ment, que je fuppofe avoir paffé dans le mo-

» ment la Moldaw , j'en ferai une de mon côté.
» Le corps de M. de Gaffion pourra en faire une
» quatriéme ».

Ce projet avoit été mis en délibération dès
l'arrivée de l'Electeur devant Prague, mais plufieurs Officiers Généraux avoient été d'un avis
contraire : à cette dernière propofition du Comte
de Saxe, l'Electeur n'héfita plus que fur l'incer-
titude où il étoit du confentement des Saxons ;
mais le Comte Rutouski, frere du Comte de
Saxe, qui les commandoit, s'étant engagé, par
un billet qu'il écrivit, à commencer fon attaque
lorfqu'il auroit entendu le feu des autres attaques,
l'Electeur envoya ce billet au Comte de Saxe,
& y écrivit au bas de fa main :

« Je vous prie, Monfieur, de vous conformer
» à ceci, & d'attaquer foit à faux ou véritable-
» ment, felon que vous le jugerez à propos,
» avec efpérance de réuffir, & par conféquent
» fans expofer mal-à-propos les troupes. Nous
» ferons de même ici ».
                    » Signé CHARLES ALBERT.
» Le 25 Novembre 1741 ».

Ce parti ayant enfin été pris , l'exécution en

fut auffi prompte qu'elle fut heureufe, & tira
l'armée, pour le moment, de la fituation la plus
critique. Nous difons pour le moment, parce
c'étoit fans doute beaucoup de s'être rendu maître
de Prague ; mais la poffeffion de cette ville, fi
avantageufe par elle-même, pouvoit devenir très-
nuifible fi, dans la vue de la conferver plus fûre-
ment, les armées prenoient des pofitions dange-
reufes & entreprenoient plus qu'il n'eft poffible
de faire.

Une ville comme Prague, malgré la foibleffe
d'une enceinte baftionnée, auffi irrégulière & auffi
vafte, eft en état de fe foutenir par elle-même
dès qu'elle aura une garnifon proportionnée à
fon étendue ; & nous ne craignons pas d'avancer
que fix mille hommes d'infanterie & quinze cens
à deux mille chevaux, de dragons ou de troupes
légères ne peuvent rendre à la guerre de fervices
plus importans, dans quelque pofition qu'on les
mette, que lorfqu'ils feront deftinés à occuper
une pareille place. Ce corps y fera d'abord en toute
fûreté : il tiendra, à une grande diftance, tout
le pays fous fa domination, il le fera contribuer
en argent, grains & fourages. Pour bloquer
une

une garnifon pareille, dans une ville de cette étendue, fituée fur les deux bords d'une rivière qui la partage, il faut établir dans fes environs un corps de troupes au moins quatre fois plus nombreux, qui ne pourra être employé ailleurs de long-tems. Une armée ennemie de quatre-vingt mille hommes opérera de tous les côtés, & paffera à portée d'elle, fans qu'il y ait rien à craindre pour une garnifon de cette force, tandis que l'armée fera au contraire très-gênée pour tous fes convois qui ne pourront lui parvenir qu'avec de fortes efcortes. Il faudra enfin qu'une armée de quatre-vingt mille hommes faffe un fiége en forme de cette ville ; un fiége de fix femaines ou peut-être deux mois qui occafionnera une confommation de munitions très-confidérable, qui fera fort coûteux, & qui ne pourra s'exécuter, fans de grands rifques, en fuppofant que l'armée du fiége pût être attaquée par une autre armée même fort inférieure à elle.

Il nous paroît donc que le grand avantage qui pouvoit réfulter de la prife de Prague étoit d'avoir au milieu de la Bohéme un point d'appui qui en affuroit la poffeffion à l'Electeur, fur

lequel on pouvoit revenir ou s'en éloigner, fuivant les circonſtances, autant de fois que les
diverſes opérations à exécuter l'exigeroient. Cette
ville n'eſt pas ſans doute ce qu'il faudroit qu'elle
fût, pour que ſes Souverains en tiraſſent tous les
avantages qu'elle feroit ſuſceptible de leur procurer. Il ne s'agit point ici de nous expliquer ſur
ce qu'il y auroit à y faire ; mais avec ſa ſeule
enceinte baſtionnée, telle qu'elle étoit en 1741,
& ſept à huit mille hommes de garniſon pour ſa
défenſe, elle pouvoit être miſe au rang des villes
de guerre faites pour être reſpectées ; & ſi le
Prince Lobkowits s'y fût jetté, à l'arrivée de
l'Electeur, avec les cinq mille hommes qu'il commandoit, au lieu de ſe replier ſur l'armée du
Grand-Duc, il s'y feroit trouvé près de huit
mille hommes de garniſon. Qu'auroit fait l'Electeur dans ce cas ? Il n'eût plus été queſtion de
tenter une eſcalade, il eût fallu ou combattre
l'armée du Grand-Duc, en courant tous les haſards
d'une bataille donnée dans la poſition la plus
dangereuſe, ou faire une retraite précipitée, errant
dans un pays où il n'exiſtoit aucun point d'appui.
Ce ſont cependant les ſervices importans que

cette mauvaise place eût pu rendre au commencement de cette guerre, & ils eussent été en faveur de l'Electeur qui avoit eu le bonheur de s'en emparer, sans coup férir, si ce Prince l'avoit considérée sous ce point de vue ; mais, dans une saison aussi avancée, il perdit un tems précieux, & divisa ses forces de manière à être foible par-tout.

Le Grand-Duc, en se retirant après la prise de Prague, avoit fait prendre à ses troupes une position qui faisoit connoître ce qu'il craignoit que l'Electeur ne fît, & par conséquent lui indiquoit ce qu'il avoit à faire. Le Grand-Duc avoit à craindre que l'Electeur, après s'être rendu maître de Prague, ne rentrât avec toutes ses forces dans la Haute-Autriche. Il occupa donc tous les postes le long de la Haute-Moldaw, depuis Tein jusqu'à Rozenberg, & même jusqu'à Freistat, qui n'est qu'à quatre milles ou huit lieues de Lintz. Il occupoit en même-tems, par sa droite, jusqu'à Teuchebrod sur la Haute-Zassava, pour être à portée des débouchés de Moravie ; de manière qu'au moyen de cette position, il s'étoit rendu maître des passages qui conduisoient en

H 2

Autriche, & fe trouvoit en même-tems à portée de ceux qui conduifoient en Moravie. Une armée cantonnée dans une auffi grande étendue ne feroit pas à craindre pour un ennemi qui auroit eu un grand intérêt à la percer & qui auroit pu fe mettre en état de l'entreprendre. Nous ajoutons cette condition, parce que la poffibilité ne s'op-pofe que trop fouvent à la volonté dans les mou-vemens des armées, & nous fommes très-difpo-fés à croire que l'armée de l'Electeur s'eft trouvée retenue par cette dernière raifon, la plus décifive de toutes les raifons. Il nous femble que la nécef-fité de fubfifter a pu feule obliger à tenir l'armée dans l'inaction & à la divifer, une partie étendue le long de la Zaffava, & l'autre vis-à-vis des can-tonnemens les plus confidérables de l'armée du Grand-Duc à Budweis & le long de la Haute-Moldaw. Nous ne pouvons former à ce fujet que des regrets fur ce que l'Electeur n'a pas pu, en laiffant huit mille hommes dans Prague, mar-cher tout de fuite, après la prife de cette ville, avec toutes fes forces fur l'armée du Grand-Duc. Tenant fes troupes enfemble fur la rive gauche de la Moldaw, & la remontant jufqu'au-deffus

de Budweis, il eût eu de fon côté tous les avantages du local pour paffer cette rivière en cet
endroit: il fe fût trouvé fur le champ couvert de
l'autre côté de la Moldaw par la Malfche qui fe
jette dans cette rivière à Budweis: il y eût pris
une pofition ayant une libre communication avec
la ville de Lintz.

Alors, fi l'armée du Grand-Duc fe fût raffemblée, l'Electeur eût marché à elle pour la combattre, ne courant plus aucun rifque, puifqu'il
auroit eu fa retraite affurée fur Lintz, dans la
Haute-Autriche, & nous difons qu'il eût dû
combattre fi l'occafion s'en étoit offerte, parce
que fa guerre étoit purement offenfive ; que fon
plus grand intérêt étoit de la conduire rapidement ; qu'on ne peut conquérir qu'en battant
& détruifant les armées ; qu'il n'eft pas de la
nature de ces fortes de guerres, ni de fe pofter
derrière des retranchemens, ni de fe mettre dans
la néceffité de faire des retraites. La faifon étoit
cruelle pour faire de femblables manœuvres,
mais elle n'étoit pas plus douce pour l'armée
ennemie, & la néceffité n'a point de loi. Si
l'Electeur eût pu terminer cette campagne par

une victoire décisive sur l'armée du Grand-Duc,
il eût acquis un ascendant qui eût décidé de la
campagne suivante ; mais des obstacles qu'on
n'a pu lever, s'y sont opposés, car avec autant
de volonté dans les troupes & d'habileté dans
les Généraux, on doit croire que du moins la
communication avec la Haute-Autriche eût été
rétablie s'il avoit été possible qu'elle le fût.

Mais si la situation des troupes en Bohéme
n'étoit pas telle qu'on eût pu la desirer, celle du
corps resté en Autriche étoit faite pour donner
les plus vives alarmes. L'armée du Comte de
Kevenuller, destinée à agir dans cette partie,
devenoit chaque jour plus considérable. Le Comte
de Ségur, instruit des grands préparatifs qui se
faisoient pour mettre promptement cette armée
en état de commencer ses opérations, fit partir,
le 19 de Décembre, le Comte de Marcieu pour
Prague afin que l'Electeur lui donnât ses ordres.
Les Généraux de cette division firent un mémoire
qu'ils signèrent, dans lequel ils exposoient les
différens cas où ils pourroient bientôt se trouver,
& demandoient que Son Altesse Electorale voulût bien leur prescrire ce qu'ils auroient à faire.

Ce Prince répondit le 26 à ce mémoire : « que
» fi le Danube n'étoit pas gelé il falloit défendre
» les lignes & rivière d'Ens, mais qu'au cas que
» ce fleuve vînt entièrement à geler, *le parti le*
» *meilleur & le plus fûr étoit que toutes les troupes*
» *fe raffemblaffent dans les fauxbourgs & ville de*
» *Lintz & de s'y défendre jufqu'au bout*, en four-
» niffant ledit Lintz de munitions de guerre &
» de bouche au moins pour quatre mois ».

Le furlendemain que cet ordre fut figné,
l'Electeur, Roi de Bohème, partit de Prague
pour fe rendre à Munich paffant par Drefde, où
le Comte de Saxe eut l'honneur de l'accompa-
gner. Le Maréchal de Belle-Ifle étoit parti le 27
pour Francfort. Le Maréchal de Broglie, qui
n'étoit arrivé que le 19, refta feul commandant
l'armée.

Il eft évident que le defir de conferver la
Bohéme & l'Autriche fit illufion à l'Electeur,
lorfqu'il figna un ordre fi impoffible à exécuter.
Il n'y avoit dans toute cette partie que onze
bataillons, un régiment de cavalerie & un de
dragons, de troupes Françoifes, cinq bataillons
& cinq efcadrons de Bavaroifes, ce qui ne pou-

voit faire plus de dix à onze mille hommes. Les
rivières n'étant pas gelées, il falloit, suivant ces
ordres, que ce petit corps défendît les lignes
& rivière d'Ens dans une étendue de plus de
vingt lieues, & dans le cas où ces rivières le
feroient, toutes ces troupes devoient occuper
la ville de Lintz & fes fauxbourgs, quoiqu'ils
fuffent tout ouverts & la ville d'aucune défenfe.
Il étoit impoffible de ne pas fuccomber, dans
l'un & l'autre cas, vis-à-vis d'une armée d'environ trente mille hommes. Ce corps défait ou
prifonnier, l'Electeur perdoit à la fois l'Autriche
& la Baviére. Si Lintz eût été une ville avec une
enceinte telle feulement que celle de la ville de
Prague, l'ordre de s'y enfermer eût été judicieu-
fement donné, en ce qu'il eût fallu un fiége de
conféquence pour réduire une garnifon de cette
force. Un fiége impoffible à faire dans cette
faifon eft très-difficile dans tout autre. Alors un
corps de troupes placé en fûreté, à cheval, fur
le Danube, au milieu de la Haute-Autriche,
prêt à entrer en Bohéme toutes les fois que les
paffages n'en feroient pas fuffifamment garnis,
pouvant faire contribuer la Baffe-Moravie & les
deux

deux Autriches ; ce corps, dis-je, dans une
pareille pofition auroit tenu lieu d'une armée;
mais l'obliger à fe retirer dans une ville toute
ouverte, c'étoit la facrifier entièrement, c'étoit
enfin tout perdre, comme l'événement l'a prouvé.

Dès que le Comte de Kevenhuller eût paffé
l'Ens fans y trouver aucun obftacle, ainfi qu'il
avoit été facile de le prévoir d'après la difpofition faite & le peu de troupes qui devoient s'y
oppofer, il marcha à Lintz, qu'il inveftit, pour
s'affurer que rien de ce qui s'y étoit retiré ne
pourroit lui échapper , & détacha le Général
Major Berncklaw, pour s'emparer de Chaerding
fur l'Inn, & de tous les magafins qui y étoient;
ce qu'il exécuta fans y trouver aucune oppofi ion.

Le Grand-Duc, de retour à Vienne, après avoir
affis les quartiers de fon armée en Bohéme , où
il n'avoit rien à craindre des divers corps qui s'y
étoient étendus, de manière à y être, de tous les
côtés , hors d'état de rien entreprendre, voulut
avoir l'honneur d'une fi belle capture. Il vint
prendre le commandement de l'armée du Comte
de Kevenhuller , devant Lintz. Il y arriva le 21
Janvier , avec un train de groffe artillerie tirée

des remparts de Vienne, & traînée par les chevaux de caroſſe de la Reine de Hongrie, la navigation du Danube s'étant trouvée impraticable par les glaçons qu'il charroyoit. C'eſt ainſi que les reſſources d'un Etat s'étendent dans la proportion du reſſort de l'ame qui le gouverne.

A peine le Grand-Duc fut-il à l'armée du Comte de Kevenhuller, qu'il y reçut l'agréable nouvelle que le Maréchal de Toerreing, arrivant de Bohéme avec la plus grande partie de l'infanterie Bavaroiſe, avoit été entièrement défait par le Général-Major Berncklow, dans l'attaque que ce Maréchal avoit tenté de faire de la ville de Chaerding. Il ne lui reſtoit donc plus pour dégager l'Autriche, & devenir maître de la Bavière, que de réduire Lintz, & dès le lendemain 22, les fauxbourgs de cette ville furent attaqués à la pointe du jour.

Le Baron de Trinck, avec un gros corps d'infanterie Hongroiſe & Croates, s'empara de la hauteur derrière le couvent des Capucins. Il attaqua ce couvent & les rues retranchées dont il étoit environné. Il mettoit le feu à toutes les maiſons à meſure qu'il avançoit. Le Comte de

Mercy, qui commandoit l'attaque de la droite, en faifoit de même ; de manière que dans peu toute cette ville n'eût été qu'un monceau de cendres. Nul endroit où la garnifon pût fe garan-tir des flammes ; nulle efpérance de fecours. Dans cette cruelle fituation, le Comte de Ségur affem-bla tous les Généraux , ils réfolurent unanime-ment de demander à capituler. Le Grand-Duc ayant un grand intérêt à fauver d'un incendie général , une ville de l'importance de Lintz, fe défifta de la condition de prifonniers de guerre qu'il étoit dans le cas d'exiger. Il accorda à la garnifon les honneurs de la guerre, à condition qu'elle ne pourroit fervir d'un an contre la Reine de Hongrie.

Cette brillante expédition à peine terminée, l'armée Autrichienne marcha fur l'Inn, s'empara de l'importante place de Paffaw, qui fe trouva dépourvue de tout, & cette armée n'ayant point d'ennemi devant elle , pénétra en Bavière juf-qu'à Straubingue, ville de guerre très-peu forte, mais affez pour exiger un fiége , que le Comte de Kevenhuller n'étoit ni en état ni en volonté de faire , dans une faifon auffi rude ; de manière qu'il fe borna à occuper toutes les places de l'Inn, de l'Ifer, & à s'emparer de Munich, abandonné par l'Electeur, Roi de Bohéme, qui s'étoit retiré à Manheim, avec la Reine & fon fils le Prince Electorat. De manière qu'il ne refta à l'Electeur que le Haut-Palatinat de Bavière, & les feules villes fortes de Straubingue & Ingolftat, s'il en eût eu de femblables fur l'Inn & fur l'Ifer, il eût également confervé toute la Bavière.

Le Roi de Pruffe ne crut pas devoir prendre activement part à tous ces défaftres. Il ne penfa pas, fans doute, qu'ils puffent l'intéreffer autrement que par les fuites qu'ils pouvoient avoir, & il comptoit être à tems d'y remédier. C'eft dans cette vue qu'il partit le 18 de Janvier de Berlin; il paffa par Drefde & Prague. Il y demanda, ce qu'on n'étoit pas en état de lui refufer, que les troupes Saxonnes & le corps des troupes Françoifes cantonnées fur la Zaffava, fuffent à fes ordres, & jointes à fon armée pour y concourir aux mêmes opérations. Il ne crut pas devoir adhérer à aucune des inftances qui lui furent faites de la part de M. le Maréchal de Broglie, pour qu'il marchât fur Tabord, tandis que ce

Maréchal marcheroit fur Budweis , afin d'attaquer les Autrichiens , les dépofter , rétablir la
communication avec la Haute-Autriche & foutenir le Comte de Ségur. Ce Prince , doué du tact
le plus fin , fentit tout le mécompte qui devoit
fe trouver dans cette combinaifon de mouvemens. Il favoit combien il eft poffible d'avoir à
fupporter tout feul le poids d'un combat , quand
on confent à combattre avec un fecond. Il vouloit agir , mais agir au loin , afin d'être bien fûr
que l'ennemi feroit obligé de fe divifer , ne pouvant à cette diftance fe porter en entier fur lui ,
fans abandonner une communication qu'il avoit
un grand intérêt de tenir fermée. Ce refus de
concourir avec nous , & cette préférence que ce
Prince donna à la Moravie , pour y porter toutes
fes forces , nous parut alors fort extraordinaire ,
& donna lieu à bien des murmures. Il ne faifoit
cependant que ce qu'un véritable homme de
guerre doit toujours faire ; agir feul , ne compter
que fur lui-même , & ne jamais entreprendre que
ce qui peut réuffir , fans le fecours d'autres forces ,
que celles qui font en fes mains. Ceux qui favent
combiner ne peuvent admettre d'autres principes.

Le Roi fixa donc à Trebitz, en Moravie, l'affem-
blée générale des troupes, & ordonna au Chevalier
de Saxe & au Comte de Polaftron de s'y rendre avec
celles qu'ils commandoient; le deffein étoit d'abord
d'attaquer le corps du Prince Lobkowits qui occupoit Iglau ou de le forcer de fe retirer. Ces difpofitions étant faites, le Roi de Pruffe alla à Ol-
multz, capitale de la Moravie, dont le Maréchal
Comte de Schwerin s'étoit rendu maître; ce
Maréchal en ayant formé le blocus le 25 Décembre avec un corps confidérable qu'il avoit amené
de Siléfie, le Comte de Terzi, Général-Major,
qui y commandoit avec une garnifon de mille
hommes, affembla le 26 un confeil de guerre,
où il fut décidé que la ville n'étoit en aucun état
de défenfe. Il demanda par fa capitulation les
honneurs de la guerre, & que fes troupes puffent
fe retirer à Brinn, ce qui lui fut accordé (1). Le
Roi partit d'Olmutz le 5 Février, pour Wifchaw
où étoit le rendez-vous de fes troupes. Il avoit

_____

(1) On fait que cette même place ayant été remife en état pendant
la paix, fauva la Moravie en 1758.

Après un mois de tranchée ouverte, le Roi de Pruffe fut forcé
d'enlever le fiége.

à les conduire à Trebitz, ce qu'il ne put exécuter qu'avec beaucoup de précautions & par un grand circuit autour de la ville de Brinn, où il y avoit fept mille hommes de garnifon ; il fut paffer la Zwittawa à Blansko, fitué à quatre lieues au-deffus de Brinn, & de-là fe dirigeant par Grof-bitech, il arriva à Trebitz, & détacha le 14 Février le Prince Thierri d'Anhalt pour reconnoître Iglau ; mais à fon approche le Prince Lobkowits l'abandonna pour fe retirer à Neuhaus, en Bo-héme, afin d'être à portée de rejoindre le Prince Charles, dont le quartier général étoit alors à Budweis : les Saxons occupèrent Iglau. Cette retraite du Prince Lobkowits fur l'armée du Prince Charles, la rendant plus forte, obligea le Comte de Polaftron à rentrer en Bohéme. Il partit le 14 Février, & les troupes qu'il avoit à fes ordres n'ar-rivèrent que le 7 Mars à Prague. Ainfi ce mouve-ment, qui ruîna ces troupes, n'eut point d'effet utile.

Le Roi de Pruffe, continuant fes opérations, marcha fur la Taya ; il occupa le 19 Février Znaym, d'où il fit lever des contributions juf-qu'à quatre lieues de Vienne : mais une pofition auffi avancée, ayant derrière foi une ville de guerre telle que Brinn, avec fept mille hommes de garnifon, ne pouvoit être permanente. Cette groffe garnifon faifoit de continuels détachemens qui interceptoient toutes les communications. Le Roi de Pruffe eut avis, le 7 de Mars, que le Prince de Lobkowits avoit fait un gros détachement du corps de troupes à fes ordres pour rentrer en Autriche, que ce détachement faifoit l'avantgarde de l'armée que le Prince Charles avoit formée avec la plus grande partie de celle cantonnée fur la Haute-Moldaw. Il n'y avoit laiffé que quinze mille hommes aux ordres du Prince Lobkowits. Toutes ces forces marchoient pour couvrir Vienne & la Baffe-Autriche, où la Reine de Hongrie raffembloit des troupes qu'elle tiroit de divers côtés, tandis qu'un corps de Hongrois s'avançoit en même-tems & devoit paffer la Morave à Gording, pour fe placer fur fes derrières, en s'appuyant à Brinn. Sur ces avis le Roi de Pruffe replia les Saxons, en les rapprochant de Brinn. Il fit un gros détachement aux ordres du Prince Thierri d'Anhalt fur Gording pour s'oppofer aux mouvemens qui pouvoient être faits de

ce

ce côté par les troupes Hongroiſes qui s'y étoient raſſemblées & parties d'Znaim le 8 de Mars. Le 11 il arriva à Pohrlitz, le 12 à Selowits, où il attendit le retour du corps qu'il avoit détaché aux ordres du Prince d'Anhalt, & n'arriva à Wiſchow que le 5 d'Avril, après avoir fait encore un grand circuit autour de la ville de Brinn.

Ainſi la diverſion que le Roi de Pruſſe fit, en marchant en Moravie, fut telle qu'il l'avoit annoncée, mais ce n'étoit peut-être pas l'objet qu'il avoit le plus à cœur de remplir par cette manœuvre. Sa retraite précipitée à l'arrivée de l'armée du Prince Charles en Moravie, ſemble dévoiler ſes véritables deſſeins. En effet, ſi ce Prince n'eût voulu que faire une diverſion qui affoiblît l'ennemi, il eût cherché à le combattre après la diviſion de ſes forces. Il s'eſt au contraire retiré en Bohéme, & juſques ſur l'Elbe, parce que ce n'étoit point une affaire générale qu'il cherchoit, c'étoit bien plutôt ſa paix qu'il eſpéroit accélérer en menaçant Vienne. Il avoit continué ſes négociations, depuis les premières entamées en Siléſie. La Cour de Vienne s'étoit refuſé à ſes propoſitions, qu'elle trouvoit exceſſives, elle ne jugeoit

pas encore fa fituation affez fâcheufe pour y fouf-
crire. Le Roi de Pruffe penfa qu'il falloit l'alarmer
par la promptitude & la hardieffe de fes mouvemens. Il fe porta donc jufques fur la Taya, mit
à contribution toute la Moravie jufqu'à quatre
milles de Vienne. Il fe flatta que ce feroit là qu'il
figneroit fon traité ; mais la Reine de Hongrie,
penfant que ce feroit une dernière extrémité à
laquelle elle pourroit toujours avoir recours,
préféra, fans doute, de dégarnir la Bohéme devant
nous. Il n'y avoit rien à craindre de nos troupes
cantonnées à de grandes diftances, & que les maladies dévoroient. Elle forma donc cette armée
aux ordres du Prince Charles qui, étant accourue
en Moravie, obligea le Roi de Pruffe à fe retirer
en Bohéme ; mais ce n'étoit pas affez, il étoit de
l'intérêt de la Reine de tenter le fort des armes :
une bataille gagnée pouvoit la garantir d'un traité
onéreux qu'elle étoit certaine de conclure également
ment après l'avoir perdue. Le Roi de Pruffe, par les
raifons contraires, auroit defiré, fans doute, de
n'avoir pas à encourir les rifques ; mais il eût bientôt reconnu que le parti de la Cour dë Vienne étoit
pris à cet égard, & que quelque part qu'il voulût

marcher il feroit fuivi. Après avoir affuré fa retraite derrière l'Elbe, il fe détermina à combattre à Czaf-lau. Et ce Prince donna encore dans cette occa-fion une nouvelle preuve de la fageffe de fes com-binaifons militaires. Il avoit refufé de combattre fur la Taya, par les rifques énormes qu'il eût couru, après une défaite dans une pareille pofi-tion : une place de guerre derrière lui : Brinn avec une garnifon de fept mille hommes & plus de cinquante lieues de retraite en Moravie, foit qu'il voulût aller en Siléfie ou rentrer en Bohéme : fon armée eût été entièrement détruite & fes efpé-rances de paix totalement évanouies. S'il eût été maître de la fortereffe de Brinn, que la ville d'Ol-mutz, qu'il poffédoit, eût été une ville de guerre, telle qu'elle l'eft devenue depuis, ce Prince eût fans doute préféré de combattre près de l'une ou de l'autre de ces villes, parce qu'elles auroient été un point d'appui affuré en cas d'une défaite, & dans le cas contraire, il fe fût trouvé victorieux à la porte de Vienne, où la terreur qui fe feroit emparé des efprits, lui eût fait traiter d'une ma-nière bien plus avantageufe.

C'eft ainfi que les places de guerre déterminent

tous les mouvemens des armées, foit à l'avantage des Puiffances qui les poffédent, foit au défavantage de celles qui en font privées. Brinn a fauvé la Moravie dans cette guerre, & Olmutz rétablie l'a fauvé depuis, dans la guerre de 1757.

Le Roi de Pruffe fut vainqueur des Autrichiens pour la feconde fois le 17 de Mai à Czaflaw. Il n'eft point de notre fujet de détailler, ni les difpofitions des armées dans les batailles, ni les manœuvres qui ont pu en déterminer les fuccès, c'eft la partie critique de l'art de la guerre ; dans les méthodes en ufage, c'eft celle où le hafard a communément le plus de part. On ne peut en parler fans s'y prendre de plus loin. Il faut adopter ou établir des principes ; il faut raifonner d'après ceux qu'on croit devoir préférer ou fe taire : or ce n'eft pas une petite affaire. Il ne paroît pas certain qu'on fe foit encore bien entendu malgré tout ce qui s'eft écrit fur cette matière ; cependant les batailles ne font que des effets de divers mouvemens, & tout mouvement a des loix. Celui qui les ignore, & doit en décider, eft un aveugle qui s'égare, fans s'en douter, tandis qu'un initié frapperoit dans la direction du plus grand effet.

Heureux, fans doute, qui pourroit l'être! Il n'en
eft cependant pas de ce fecret comme de celui
de la pierre philofophale; on peut douter que l'un
foit dans la nature, tandis que l'exiftance de l'autre
paroît évidente. Oui, nous croyons qu'il eft des
combinaifons pour un certain nombre d'hommes
qui leur donneront toujours toute fupériorité fur
un plus grand nombre combiné d'une autre manière. Nous croyons que dans ces fortes de combinaifons, il exifte des moyens & des extrêmes :
que la plus parfaite, vis-à-vis de la plus imparfaite,
confervera fes avantages contre une fupériorité
en nombre de plus du décuple. Nous l'avons
dit quelque part, (& peut-être en donnerons-
nous la preuve un jour) qu'un Général inftruit
dans toute la profondeur de l'art, vis-à-vis d'un
Général qui n'en a qu'à peine les premiers élémens, n'aura jamais contre lui que les terreurs
paniques ; mais paffons promptement fur un fujet
fi étendu, & fur lequel il eft fi délicat de s'expliquer ; fi nous avons à y revenir une autre fois,
nous tâcherons de nous préfenter dans la carrière
armé de toutes pièces : car, on peut bien le dire,
ce ne font pas ici des jeux d'enfans.

Nous en fommes à la bataille de Czaflaw, où le Roi de Pruffe, victorieux par toutes les ref-fources de fon efprit & de fon grand courage, refta maître du champ de bataille ; mais il ne jugea pas à propos, dans cette occafion, de profiter de tous fes avantages, & cantonna fes troupes d'un côté & de l'autre de l'Elbe. Il ne douta pas que ce dernier avantage ne lui valût la fignature du traité qui fe négocioit depuis plus de fix mois, & en effet il fut figné à Breflau le 11 de Juin.

Cette paix a donné lieu à bien des raifonne-mens ; mais fur de pareils faits les Cours inté-reffées peuvent feules avoir une opinion fondée. Le public ne juge que par des apparences ; les véritables raifons ne lui font pas connues; les principales pièces de ces grands procès ne font point mifes fous fes yeux. Quels étoient les enga-gemens du Roi de Pruffe ? fans cette première connoiffance on ne peut fe permettre aucun fen-timent ; fi ce Prince a pu finir feul une guerre qu'il a commencé feul, il a dû le faire, & les circonftances étoient telles qu'il eût été inexcu-fable de ne l'avoir pas fait, fi fes engagemens lui en laiffoient la liberté. La Baviére avoit été perdue : la Bohéme étoit au moment de l'être : nos troupes, fort inférieures en nombre, même au complet, à ce qu'elles auroient dû être, se trouvoient réduites à la moitié par les pertes & les maladies : les secours annoncés de France étoient fort éloignés & peu considérables : il n'y avoit point d'ensemble, ni dans les projets, ni dans leur exécution : les troupes de Baviére étoient battues par-tout : celles de France avoient à exécuter des choses impossibles : elles se battoient très-bien ; mais leur succès, en les affoiblissant, avoient l'effet d'autant de défaites : le Roi de Prusse n'avoit que ses propres forces sur lesquelles il pût compter : dans ce grand délabrement où étoient les affaires, lui seul eût eu bientôt à soutenir tout le poids de la guerre, s'il ne l'eût pas terminée. Nous avons trouvé bien dur de nous en voir abandonnés ; mais nous eût-il sauvé ? Il n'auroit peut-être pas encore suffi qu'il n'eût jamais cessé d'être victorieux, tant nous avions de causes de destruction contre nous.

Toutes ces considérations, plus elles sont vraies, plus elles ajoutent au mérite des opérations exécutées par les troupes Françoises en

Bohéme. Ce n'eft qu'en réuniffant le courage d'efprit à la valeur, qu'on fe foutient avec conftance dans un pays manquant de toutes chofes, & éloigné de tout fecours ; qu'on fe montre toujours avec la même audace devant un ennemi, fur fes foyers, toujours fupérieur en nombre. Il n'y a pas une action dans toute cette guerre malheureufe, qui ne foit à l'avantage de nos valeureufes troupes ; & l'on ne peut trop élever la conduite de leurs Généraux dans tant de pofitions critiques dont ils fe font tirés avec gloire. L'on admirera toujours avec quelle audace M. le Maréchal de Broglie, fort inférieur au Prince Lobkowits, marcha à lui le 25 de Mai, le combattit à Say, & le força à repaffer la Moldaw. L'on ne peut de même donner trop d'éloge à fa belle retraite fous Prague, lorfqu'après la bataille de Czaflaw, l'armée du Prince Charles s'étant réunie au corps du Prince Lobkowits, fe porta fubitement le 5 de Juin, fur l'armée Françoife, occupant alors, fur la Moldaw, plus de dix lieues de Krumeau à Tein. Un Général moins actif ne fe fût pas tiré d'une pareille pofition fans effuyer quelque grande perte ; mais il arriva à Prague

le

le 13 du même mois, n'en ayant fait que de peu considérable, & ce fut par la défense la plus mémorable qui ait été faite depuis bien des siècles, que se terminèrent les exploits glorieux de ce corps de troupes envoyé en Bohéme, dont la garnison de Prague ne formoit cependant qu'un foible résidu.

Mais devions-nous revenir à Prague? La défection subite du Roi de Prusse : celle des Saxons qui ne pouvoit manquer de la suivre, & le mauvais état de nos affaires en Bavière : des considérations de cette importance enfin, ne devoient-elles pas plutôt déterminer une retraite sur les débouchés du Haut-Palatinat? Que toute l'armée se fût tenue ensemble dans sa retraite jusqu'à Beraune, sa sûreté sembloit l'exiger ; mais cette rivière étant passée, peut-être eût-il été préférable de détacher un corps à Prague, tel qu'il eût été nécessaire pour y former une garnison de sept à huit mille hommes, & de diriger l'armée par Rakonits sur Egra ; puisqu'enfin nous nous étions rendus maîtres depuis le 16 d'Avril de cette place importante, par laquelle nos opérations en Bohéme eussent dû commencer. Il semble même

Tome II. L

que M. le Maréchal de Broglie eût été de cet avis, s'il eût cru ses pouvoirs assez étendus pour l'autoriser à cette manœuvre. Le Comte de Champigny, Major-Général de l'armée, qu'il fit partir pour rendre compte à la Cour de sa position, fut chargé de demander pour lui, un ordre d'aller au-devant de l'armée de Bavière, avec les troupes venues depuis peu en Bohéme aux ordres du Marquis de Ravignan ; mais cet ordre ne fut point donné, ou s'il le fut, il n'arriva point à tems. Prague fut investi le 25 de Juillet en partie. Le 29 le Maréchal de Broglie fit encore un grand fourage, & jusqu'au 6 d'Août, il n'y eut, de la part des ennemis, que des dispositions générales.

On peut dire, à l'occasion de ce fameux siége, que ce fut la garnison qui en imposa à l'armée ; mais aussi quelle garnison ! Le Comte de Saxe se trouvant à l'Isle-Adam chez feu Mgr le Prince de Conti, avant son départ pour la Bavière, sur la nouvelle de la retraite du Maréchal de Broglie dans Prague, s'exprima ainsi : « *Cette armée dans* » *Prague est à la vérité réduite à une poignée, mais* » *c'est une poignée d'épices* ». J'étois présent, &

cette manière énergique de s'exprimer eſt toujours reſtée dans ma mémoire.

En effet les Généraux Autrichiens s'y trom-
pèrent, & la Reine de Hongrie elle-même, cette
Princeſſe ſi ſage, ſe flatta trop en cette occaſion.
Les Maréchaux de Broglie & de Belle-Iſle, après
la paix du Roi de Pruſſe, avoient reçu de leur
Cour pouvoir de traiter pour la retraite de l'armée. Le Maréchal de Konigſeck & le Maréchal
de Belle-Iſle eurent à ce ſujet une conférence le
premier Juillet, au château de Komorſan. Nous
offrîmes de remettre Prague à condition d'en ſor-
tir avec armes & bagages, & que l'armée pût ſe
rendre où les Maréchaux jugeroient convenable
de la porter. La Reine de Hongrie voulut que
toute l'armée ſe rendît priſonnière de guerre,
& la négociation fut rompue. La loi étoit plus
dure que celle impoſée à la garniſon de Lintz,
tandis qu'elle devoit l'être moins, vû la différence
qui ſe trouvoit ici à l'avantage des troupes Françoiſes, la ville de Prague étant tout autrement
favorable à une défenſe que celle de Lintz. Cette
dernière étoit toute ouverte & entourée de fauxbourgs impoſſibles à défendre, tandis que Prague

étoit entouré d'une enceinte baftionnée dont les remparts n'étoient mafqués d'aucune maifon ; ils découvroient la campagne, & leur grande étendue n'étoit plus un inconvénient, dans le cas où ils étoient de contenir une armée.

Ces remparts étoient mauvais, à les juger comparativement à ce qu'ils auroient dû être pour avoir une bonté intrinféque : bonté dont le degré doit s'eftimer d'autant plus, qu'il faut moins de monde pour les défendre ; mais l'élite d'une armée, derrière des remparts plus mauvais encore, change tous les élémens du calcul. Il faut alors adopter pour principe qu'il ne fera même pas poffible d'approcher de ces remparts qu'avec les plus grandes précautions & en courant les plus grands rifques ; l'expérience l'a prouvé dans cette occafion, fi le raifonnement ne l'a pas démontré d'avance.

Les travaux des affiégeans n'ont point été dirigés pendant ce fiége, fuivant l'art établi de l'attaque des places. A la faveur d'une maifon, appellée la maifon rouge, fituée à plus de cinq cens toifes de la place, les Autrichiens ouvrirent leur tranchée la nuit du 15 au 16 d'Août après deux

mois de préparatifs. Cette maifon appuya la gauche de leur première parallèle qu'ils dirigèrent
obliquement du côté de leur droite, de manière
qu'elle alla s'appuyer à un ancien retranchement
qu'on avoit négligé de rafer, à la faveur duquel
cette droite fe trouva beaucoup plus avancée que
la gauche ; mais ce petit avantage ne lui en pro-
cura aucun fur l'attaque de la gauche. Cette
ligne parallèle, qui n'avoit pas en tout fix cens
toifes d'étendue, fut, pour ainfi dire, le *nec plus
ultrà* des travaux des affiégeans. Ils ne fe portèrent
jamais à plus de cinquante toifes en avant pour
y établir quelque boyeau de peu d'étendue : toutes
leurs batteries de canons & de mortiers furent
placées, contre l'ufage, en arrière de la première
parallèle, qui fut fortifiée encore de trois redoutes, afin de couvrir les batteries, autant qu'il étoit
poffible, & les garantir de ces valeureufes forties,
ou, pour mieux dire, de ces batailles mémorables
des 18 & 22 ; on eftime, qu'à cette dernière, la
perte des Autrichiens alla à deux mille hommes
& la nôtre à mille. Il faut convenir que, devant
des troupes de cette intrépidité, il n'étoit pas facile
d'avancer des fapes & d'établir des logemens de

chemin couvert, auffi n'en a-t-il pas été queftion pendant tout ce fiége. Les batteries des affiégeans placées, ainfi que nous venons de l'obferver,
derrière la première parallèle, fur des parties de
terrein élevées, découvroient le rempart de la
place jufqu'au pied, & malgré leur grand éloignement, elles étoient parvenues à faire plufieurs
brèches, mais ces brèches, foigneufement dé-
blayées, reftoient à pic; l'on avoit, en fuivant la
méthode des anciens, élevé derrière tout ce front,
un puiffant retranchement garni d'une artillerie
formidable, & fur-tout défendu par des troupes
d'un courage éprouvé, de manière que l'enceinte
de la place eût été ouverte qu'il n'y eût eu rien
à craindre: & il eft évident, par la conduite des
Généraux Autrichiens, qu'ils ne tardèrent pas à
être perfuadés qu'ils n'avoient ni les forces fuffifantes ni le tems néceffaire pour réduire une telle
garnifon; ce dernier moyen eût immanquable-
ment fuppléé à l'autre. Les vivres, dans une place,
font de première néceffité, & l'armée s'y étant
jettée toute entière, hâta beaucoup le moment
d'en faire la plus cruelle épreuve; mais les fecours
s'avançoient trop rapidement pour que l'armée

Autrichienne pût différer à fe porter fur les débouchés de la Bohéme pour les défendre. Dès
le 31 Août, cet événement ayant été prévu, le
Maréchal de Konigfeck demanda une conférence
au Maréchal de Belle-Ifle pour lui offrir, de la
part de la Reine de Hongrie, les conditions pour
la garnifon qu'il avoit demandée à l'entrevue du
premier Juillet ; mais le Maréchal de Belle-Ifle,
certain du fecours, les refufa, & les Autrichiens
fe virent enfin forcés de lever le fiége. Ce fut la
nuit du 12 au 13 de Septembre qu'ils abandon-
nèrent leurs tranchées.

Ainfi cette mauvaife place a été le falut de
l'armée qui s'y eft réfugiée, & fi elle a couru
quelques rifques, ce n'eft que par le trop grand
nombre de fes défenfeurs. L'un des deux Maréchaux, avec huit ou dix mille hommes de troupes
auffi nerveufes, y euffent réfifté à foixante mille
hommes pendant plus de fix mois.

L'Electeur de Bavière perdant fes Etats, acqué-
roit la couronne Impériale ; il fut élu Empereur
à Francfort le 31 Janvier 1742 : mais les plus
grands honneurs, les plus éminentes places, fans
la puiffance, ne font rien. Ce Princé dépouillé

ne ceſſoit de folliciter la France d'envoyer de
nouvelles armées ; il vouloit conferver la Bohéme
& remettre la Bavière fous fa domination ; c'é-
toient des defirs bien naturels, mais les moyens
d'y fatisfaire n'étoient pas de petits moyens ; il
eût fallu de gros corps de troupes dirigés en
même tems fur l'un & l'autre objet. Les quarante
mille hommes envoyés en Bavière au mois de
Septembre 1741 étoient déjà, au mois de Février
1742, réduits prefqu'à la moitié ; quatre à cinq
mois avoient fuffi pour détruire ou mettre hors
d'état de fervir une partie auffi confidérable de
l'armée Françoife & prefque toute l'armée Bava-
roife. Cette guerre préfentoit donc, dès fes com-
mencemens, un gouffre où les milliers d'hommes
& les millions d'écus difparoiffoient, pour ainfi
dire, en y touchant ; mais une grande puiffance
tient à fes démarches, quelques périlleufes qu'elles
puiffent être. L'honneur du miniftère fe confidère
avant tout ; & pour le mettre à couvert, il lui
fuffit d'éloigner les fuites funeftes de fes fautes ;
on penfe remédier à tout en parant au défaftre
du moment. C'eft, dans de certains principes, fauver l'Etat que d'affurer fa perte en la différant.

Les

Les promoteurs de la guerre d'Allemagne, vis-à-vis d'un principal Miniftre on ne peut pas plus attaché aux véritables intérêts de la France, lui préfentèrent des palliatifs dangereux comme des remèdes affurés ; fon grand âge, la multitude des affaires dont il commençoit à être furchargé, & le peu de moyens qu'il avoit pour juger de la valeur des projets militaires, lui firent une né- ceffité de s'en rapporter aveuglément à ceux qui ofoient répondre de tout. Ayant confenti de les croire une fois, il fut forcé de les croire tou- jours. C'eft ainfi que l'envoi en Allemagne d'un nouveau corps de quarante bataillons & trente efcadrons, aux ordres du Duc d'Harcourt, fut décidé en Mars 1742 ; ce corps & l'armée du Maréchal de Maillebois en Weftphalie compo- foient prefque toutes les forces militaires qui reftoient à la France ; cependant en n'envoyant que ce corps de troupes, c'étoit ne rien envoyer. Que pouvoient faire vingt-huit à trente mille hommes qui avoient à opérer, partie en Bohéme & partie en Bavière ? La neutralité du Roi d'An- gleterre, Electeur d'Hanovre, étoit fignée depuis le 27 Septembre 1741. L'armée du Maréchal de

Maillebois ne pouvoit plus remplir aucun objet utile fur le Bas-Rhin. Le parti de foutenir la guerre en Allemagne ayant été décidé, il falloit, avant que la fituation y devint plus fâcheufe, y porter à la fois des forces capables de rendre certain le fuccès des opérations. Si les efforts qu'on a faits fucceffivement euffent été faits dès les premiers malheurs arrivés en Autriche: qu'auffi-tôt la nouvelle reçue de la capitulation de Lintz, on eût fait partir l'armée du Maréchal de Maillebois, augmentée du corps du Duc d'Harcourt, il fe feroit trouvé au mois d'Avril 1742 plus de quatre-vingt mille hommes de troupes Françoifes en Bohéme & en Bavière. L'armée de l'Empereur pouvoit, à cette même époque, être recrutée & même augmentée des troupes auxiliaires Heffoifes & Palatines dont elle a été compofée depuis, & fe trouver ainfi monter à plus de quarante mille hommes. On ne fuppofe ici que la réunion des mêmes forces qui ont été employées en moins d'un an & demi au foutien de cette caufe; alors cent vingt mille hommes François & Bavarois auroient foumis à la fois la Bavière & la Bohéme; ces armées ayant à

elles feules une puiffance fupérieure à celle que
la Reine de Hongrie étoit en état de leur oppofer, n'auroient rien eu à craindre de l'inftabilité
de l'alliance Pruffienne ; elles auroient fixé toutes
les incertitudes, validé tous les traités ; il en eût
été de même des vingt mille Saxons. On n'aban-
donne pas des conquêtes affurées. Plus de deux
cens mille hommes agiffans à la fois auroient décidé fans retour ce fameux différend, & la Princeffe
la plus digne de régner fur le plus bel Empire
eût été forcée, par la loi de la néceffité, de con-
fentir à la perte d'une partie de fes Etats. Ce
ne font point des fuppofitions gratuites, nous
le répétons : ce font les mêmes moyens employés
fucceffivement par des délibérations tardives,
mal préparés, mollement exécutés, que nous
réuniffons pour l'inftant où le plus grand effet
pouvoit être opéré, auquel nous donnons cet à
propos, qui feul détermine les fuccès en tout
genre ; mais ce font des hommes qui décident
des chofes, & l'aveugle fortune choifit les
hommes en place. De-là naît la profpérité ou la
ruine des Etats.

Le Duc d'Harcourt, foible comme il l'étoit

en partant de France, s'affoiblit encore en envoyant quinze bataillons en Bohéme, suivant les
ordres qu'il en avoit reçus. Il se porta sur la
rive gauche du Danube avec seulement dix-huit
bataillons & douze escadrons ; le reste de son
corps avoit été destiné à occuper différens postes
en Bavière. L'Empereur en avoit cependant encore la clef ; c'est-à-dire qu'il étoit encore maître
des deux seules places fortifiées, Ingolstat &
Straubingue. Les Autrichiens avoient bombardé
la dernière & tenté de s'en emparer de vive force ;
ils y furent repoussés & n'y revinrent plus. Le
Duc d'Harcourt & le Maréchal de Toerreing,
avec le peu de troupes qui restoient à l'Empereur, y arrivèrent au commencement de Mai
1742, & le 11 du même mois ils prirent poste
à Deckendorff, situé à la rive gauche du Danube,
à six lieues au-dessous de Straubingue. Sans ces
places, ce corps de troupes eût été dans l'impossibilité de rentrer en Bavière. Il ne se trouva de
subsistances que dans leur enceinte ; le pays avoit
été totalement dévasté par les Autrichiens ; mais
au moyen de ces entrepôts sûrs & de la navigation du Danube, les opérations devinrent très-

faciles. C'est encore un exemple à citer de l'utilité des places de guerre, même des mauvaises.

Mais des places ne font que des points d'appui
pour les armées. Si ces armées n'ont pas de fupériorité fur celles contre lefquelles elles ont à
agir, elles reftent fous ces places, & les projets
de conquête reftent de même fans exécution.
C'eft le cas où fe font trouvé les troupes Françoifes & Bavaroifes, en arrivant à Deckendorff:
tout ce qu'elles purent faire fut de s'avancer à
Nideraltach, de s'y foutenir & de garder la rive
gauche du Danube. Le Comte de Kevenhuller
étoit placé avec le corps à fes ordres, en avant
de Paffaw. Cette place importante avoit été mife
en état, depuis que les Autrichiens s'en étoient
rendus maîtres, & de même qu'elle eût fervi de
boulevard à la Bavière fi l'Electeur avoit fu la
conferver, après la prife de Lintz, de même elle
fut le boulevard de l'Autriche, lorfque l'Empereur voulut entreprendre d'y rentrer. Le fiége
de Paffaw étoit la première opération qui avoit
été prefcrite au nouveau corps de troupes Françoifes qu'on avoit fait paffer en Bavière; mais
cette entreprife fut bientôt reconnue fort au-

deſſus des forces de ce corps. Les Autrichiens
en ont tiré les plus grands ſervices pendant toute
cette guerre , & ne l'ont évacué qu'après la
paix.

Le Comte de Saxe ayant des lettres de ſervice
pour être employé en Bavière, arriva au camp
du Duc d'Harcourt le 6 d'Août. Il étoit l'ancien : il prit le commandement des troupes. Les
manœuvres qu'il devoit exécuter n'étoient pas
brillantes. Il avoit ordre de ramener dans le haut
Pelatinat de Bavière ce corps ſi inutilement placé
à Nideraltach, pour s'y joindre & ne faire plus
qu'une armée avec celle du Maréchal de Maillebois. Cette armée avoit enfin reçu ordre, au
mois d'Août, de quitter la Weſtphalie pour aller
au ſecours de Prague ; mais l'à-propos manquoit
à ce grand effort. Du mois de Février, époque
du départ du Duc d'Harcourt, à la fin d'Août,
il s'étoit paſſé ſept à huit mois dans un état d'im-
puiſſance qui avoit tout perdu. Le corps du Duc
d'Harcourt avoit eu le tems de s'affoiblir par des
fatigues & des manœuvres inutiles ; l'armée de
l'Empereur , qui les avoit partagé , au lieu de
ſe rétablir , s'étoit détruite. Des combinaiſons

fi vifiblement nuifibles avoient, fans doute, con-
tribué à déterminer la paix du Roi de Pruffe,
enfuite celle des Saxons, enfuite notre retraite
dans Prague, enfuite l'anéantiffement des trois
quarts de cette armée, dont la gloire, à la vérité,
s'étoit accrue en proportion de fes pertes ; mais
la mort de tant de braves gens en empoifonnoit
la jouiffance.

Nous avions compté, dans la fuppofition du
mouvement général des troupes du Roi fait en
Février, que l'armée du Maréchal de Maillebois,
celle du Maréchal de Broglie, fur la Moldaw,
& le corps du Duc d'Harcourt, auroient compofé quatre-vingt mille hommes de troupes
Françoifes, & l'armée de l'Empereur qui eût pu
être de quarante mille hommes, mais eût été
au moins de vingt mille hommes avec les troupes
Palatines qui l'ont joint en Mars ; enfin l'armée
victorieufe du Roi de Pruffe & le corps de vingt
mille Saxons.

Qu'en reftoit-il au mois de Septembre ? L'armée du Maréchal de Maillebois & le corps du
Comte de Saxe faifant cinquante-cinq mille hommes au plus ; ni Pruffiens, ni Saxons, ni troupes

de l'Empereur; les unes avoient totalement dif-
paru, les autres étoient prefqu'anéanties, & l'armée du Maréchal de Broglie réduite à une poignée de héros, attendant dans Prague leur déli-
vrance.

Mais ce n'eft pas encore la feule différence
effentielle qu'il y ait à obferver entre ces deux
époques; l'audace des Généraux ne pouvoit plus
être la même : des forces auffi confidérables,
libres dans leurs opérations, ne redoutent aucun
événement. Cent quatre-vingt à deux cens mille
hommes tendans au même but, doivent l'attein-
dre, lorfque foixante-dix mille hommes font le
feul obftacle à furmonter. Tel eût pu être l'état
des chofes au mois d'Avril en Bohéme. Au mois
d'Octobre, cinquante-cinq mille hommes au
plus pouvoient-ils s'attendre aux mêmes fuccès?
Cette armée d'ailleurs marchant en Bohéme,
étoit prefque la feule reffource de la France. La
Maifon du Roi, quelques régimens en garnifon
dans les places & les milices, étoient tout ce qui
reftoit dans le royaume. L'envoi de l'armée du
Maréchal de Maillebois n'ayant été réfolu qu'au
moment de fon départ, on n'avoit pu s'occuper

de

de nouvelles levées pour la remplacer. Ce n'eſt point ſans de fortes raiſons que nous faiſons obſerver l'embarras de cette ſituation, parce qu'elle ſert à expliquer la timidité dans les réſolutions des Chefs. On vouloit dégager Prague : mais il né falloit l'entreprendre qu'avec une certitude morale d'y réuſſir ; il ne falloit pas compromettre la dernière armée de France, & que pour ſauver Prague, on riſquât de perdre Prague & l'armée.

Les tentatives du Maréchal de Maillebois pour pénétrer en Bohéme furent infruĉtueuſes. C'eſt peut-être un bonheur ; nous ne ſommes pas perſuadés, à beaucoup près, que Prague & ſes environs dévaſtés comme ils l'étoient, fuſſent en état de nourrir cette armée. Dans ce cas, parvenue à ce but tant defiré, quel parti eut-elle pu prendre ? chercher à combattre l'armée du Grand-Duc, accrue de tous les corps répandus en Bavière, & qu'on eſtimoit de quatre-vingt mille hommes ? Le moment étoit-il favorable & les forces ſuffiſantes ? L'armée Françoiſe n'auroit pu être de plus de ſoixante mille hommes, étant obligée d'employer des troupes à garder ſes communications. Sans ſubſiſtances préparées dans un pays

épuifé de toutes les manières , les mouvemens
d'une armée de foixante mille hommes, ne peuvent être ni prompts ni faciles à faire; & fi elle
eût eu un défavantage confidérable , dans une
action au milieu de la Bohéme , cette feconde
armée eut-elle été encore fe refugier dans Prague? alors il eût été difficile d'y en envoyer une
troifième pour la dégager. On ne pouvoit entreprendre de pénétrer jufqu'à Prague, qu'après une
bataille décifive , gagnée ; & cette bataille devoit
fe donner à l'entrée des débouchés de la Bohéme,
non au milieu de ce royaume ; il falloit combattre l'armée du Grand-Duc à Plan , lorfqu'elle
s'y eft préfentée. Si l'on ne l'a pas fait, c'eft que
les pouvoirs du Général n'étoient pas affez étendus pour courir ce hafard.

Nous pouvons donc mettre en doute que le
projet de pénétrer jufqu'à Prague ait été réel , &
nous en tirerons du moins l'avantage de n'avoir
pas à regretter le mauvais fuccès des tentatives
qui en ont été faites; mais malheureufement les
opérations à exécuter , au défaut de celle-ci,
n'étoient pas de nature à en tirer plus de fruit.
Ce qu'il ne faut pas perdre de vue dans l'analyfe

des mouvemens de notre armée en Bavière , c'eſt ſa force comparée à celles qui lui étoient oppoſées , & nous ſommes certains de ne rien outrer, en avançant que dès les mois d'Octobre & Novembre 1742 , l'infériorité étoit de notre côté, de plus de vingt mille hommes. Voyons maintenant ce que nous avons fait , & ce que nous pouvions eſpérer de faire.

Le Maréchal de Toerreing avoit été remplacé dans le commandement des troupes qui reſtoient à l'Empereur par le Maréchal de Seckendorff. Ce Maréchal s'étoit retiré à Ingolſtat, lorſque le Comte de Saxe avoit paſſé le Danube , pour aller ſe joindre à l'armée du Maréchal de Maillebois. Le mouvement du Comte de Saxe avoit occaſionné celui du Comte de Kevenhuller, pour ſe porter en Bohéme par la gorge de Waldmunchen , & ſe joindre au Grand-Duc qui gardoit les débouchés de la gorge de Hayd. Il n'avoit laiſſé que le Baron de Bernklaw , avec un très-petit corps de troupes légères , occupant Munich & divers poſtes dans la Haute-Bavière.

L'Empereur au milieu de toutes ſes vues ambitieuſes , ne reſpiroit que pour la Bavière.

N 2

Il ramenoit toujours tout à ce but, & vouloit toujours tout facrifier pour y rentrer. Quelque courte & quelque dangereufe que pût être fa jouiffance, il vouloit jouir. Défendre la Bavière, reprendre la Bavière, étoit la formule générale de fes dépêches & des inftructions de fes Miniftres. C'eft ainfi qu'on perd pour toujours fes affaires, lorfqu'on adopte le principe de rifquer tout pour les rétablir un moment. Le Maréchal de Seckendorff ne s'arrêta à Ingolftat avec les troupes de l'Empereur, que le tems néceffaire pour recevoir un corps de trois mille Heffois, pris nouvellement à la folde de ce Prince, au moyen des fubfides donnés par la France, & y attendre un renfort de troupes Palatines, faifant partie du corps de cette nation, qui avoit déjà joint & marché à Deckendorf, fous les ordres du Maréchal de Toerreing. Auffi-tôt que ces troupes furent réunies, le Maréchal de Seckendorff, fuivant les ordres qu'il en avoit reçu de l'Empereur, & avant que les grands événemens qui fe préparoient en Bohéme fuffent décidés, marcha à Munich, où il entra fans oppofition. Le Baron de Bernklaw évacuoit toutes les places à l'approche des Impériaux. C'eſt ainſi que les troupes de l'Empereur rentrèrent dans Braunaw, Burghau- sen, Landau, Deckendorf, &c. & qu'en très- peu de tems, elles ſe trouvèrent répandues dans toute la Bavière ; méthode d'autant plus funeſte, que les expériences les plus multipliées & les plus malheureuſes n'en ſauroient corriger.

Ce penchant qui entraînoit en Bavière, y déter- mina la marche de l'armée du Maréchal de Mail- lebois ; on avoit propoſé de la cantonner dans le Haut-Palatinat, la droite au Danube & la gauche à Egra : notre armée, dans cette poſition, eût été en forces, ſes communications aſſurées avec l'Alſace, à portée de recevoir ſes recrues. Occupant le débouché d'Egra, elle eût menacé la Bohéme & obligé le Grand-Duc à y tenir la plus grande partie de ſes forces ; mais la foible armée de l'Empereur s'étoit déjà emparée de la Baſſe-Bavière ; il falloit ou qu'elle ſe repliât ſur le Danube pour s'y cantonner, ſa gauche appuyée à la droite de l'armée Françoiſe, ou que l'armée Françoiſe allât la ſoutenir ſur l'Iſer & ſur l'Inn, & ce dernier parti prévalut. Les troupes Impé- riales furent placées en première ligne ſur la

rivière d'Inn & les Françoifes , entre l'Inn &
l'Ifer , & entre l'Ifer & le Danube ; la réferve
du Comte de Saxe occupant Deckendorff, à la
rive gauche de ce fleuve. Nous occupions encore
le Haut-Palatinat , Amberg & la Vils , jufqu'à
Ratisbonne ; nous tenions ainfi toute la Bavière;
on nous doit cette juftice.

Dans une pareille pofition , celle de l'armée
reftée aux ordres du Comte de Kevenhuller, dont
le quartier général avoit été établi à Scherding,
fur l'Inn, étoit on ne peut plus dangereufe. L'armée Autrichienne occupoit dans cette partie
Scherding , Paffaw & les deux rives du Danube
en remontant ce fleuve jufqu'à Vilshofen ; ces
forces confidérables fe trouvoient donc raffem-
blées dans peu d'efpace & vis-à-vis du centre de
la ligne de nos quartiers, qui avoient de la gauche
à la droite plus de quatre-vingt lieues d'étendue.
L'Empereur le vouloit ainfi ; c'étoit la Bavière
qu'il falloit couvrir. Il vouloit même qu'après
avoir délivré Bronnau à la mi-Décembre, malgré
la rigueur de la faifon le Maréchal de Broglie,
qui étoit venu de Bohéme prendre le commandement de l'armée, entreprit les fiéges de Scher-

ding & de Paſſaw. On voit dans la lettre que ce Maréchal lui écrivit à ce ſujet combien d'obſtacles inſurmontables s'oppoſoient à l'exécution de pareils ordres : on y voit toutes les pertes qu'avoient déja faites l'armée à cette époque. M. le Maréchal déclare qu'il faut, pour compléter l'armée, ſeize mille hommes de recrue & ſeize cens chevaux de remonte, ſans comprendre ceux de l'artillerie & des vivres.

Mais cette armée alloit encore être affoiblie par l'augmentation de celle de nos ennemis ; le Maréchal de Belle-Iſle étoit arrivé à Egra le 26 Décembre avec tout ce qui reſtoit de l'armée de Bohéme, à l'exception de dix-huit cens hommes aux ordres de M. de Chevert, & de quatre mille malades qu'il avoit laiſſé à Prague : il ramenoit quatorze mille hommes effectifs, environ, & le 27 du même mois M. de Chevert avoit obtenu du Prince de Lobkowits, qui inveſtiſſoit Prague, la capitulation la plus honorable ; ſa garniſon ſortit de Prague libre, avec les honneurs de la guerre, & fut conduite, aux frais de la Reine de Hongrie, juſqu'à Egra. Cette Princeſſe avoit donc acquis de ce moment la paiſible poſſeſſion de la Bohéme ; & des vingt mille hommes que le Prince de Lobkowits commandoit aux environs de Prague, il en pouvoit passer quinze à seize mille en Bavière : ils y passèrent en effet sur le champ. Dès le 12 de Janvier le Prince de Lobkowits, avec ce même corps, se porta dans le Haut-Palatinat, sur la Schwartzach & la Naab, où il vint occuper les postes de Neubourg & de Schwandorf.

En considérant cette facilité avec laquelle M. le Maréchal de Belleisle exécuta sa retraite & la surprenante capitulation que le Prince de Lobkowits se hâta d'accorder à M. de Chevert pour la garnison de Prague, on ne peut s'empêcher de soupçonner un grand desir, de la part de la Reine de Hongrie, de pouvoir librement employer toutes ses troupes par-tout où elle le jugeroit utile à son service. Tant que les troupes Françoises auroient resté dans Prague il lui eût fallu tenir dans ses environs au moins vingt mille hommes, qui y auroient même été foibles par l'étendue de leur circonvallation. Une garnison de quinze mille hommes de pareilles troupes ne se laisse pas approcher, elle sait se faire jour pour

se

fe procurer des fubfiftances, & un blocus femblable eût été long en n'y employant pas des
forces plus confidérables. Cette Princeffe vouloit ouvrir fa campagne en Bavière de bonne
heure ; elle vouloit y porter des forces fuffifantes
pour la rendre décifive ; elle vouloit enfin, après
avoir nettoyé la Bavière, pouvoir diriger fes
mouvemens au loin ; fe mettre à portée de fes
nouveaux alliés, les Anglois & les Hollandois,
affemblés fur le Bas-Rhin ; il falloit ne rien laiffer derrière fes armées qui en occupât une partie.
Dès le 31 Août, lors de la feconde conférence
du Maréchal de Konigfeg avec le Maréchal de
Belle-Ifle, la Reine de Hongrie avoit offert de
laiffer fortir librement les troupes Françoifes de
Prague ; l'offre avoit été refufée ; ce fait prouve
que fon intention alors étoit de n'y mettre aucun
obftacle ; pourquoi n'auroit-elle pas été la même
au mois de Décembre? Les manœuvres du Prince
de Lobkowits, chargé du blocus de Prague,
femblent encore accréditer cette opinion ; il fait
paffer toutes fes troupes réglées à la rive droite
de la Moldaw, & il occupe de ce côté depuis
Konigfaal jufqu'à Leitmerits fur l'Elbe : il rompt

Tome II.   O

fes ponts fur la Moldaw dans la crainte, dit-on,
qu'ils ne foient détruits par les glaces. Dans
cette pofition il lui devient impoffible de paffer
à la rive gauche de cette rivière ; il fe contente
de tenir, dans toute cette partie, un corps de
troupes légères, & c'eft le feul côté par où l'armée Françoife puiffe fe retirer ! Ou il a mal rempli les intentions de fa Souveraine, ou il a fu
qu'il les rempliffoit bien ; & s'il avoit penfé
mériter quelque reproche, il auroit fait plus
d'efforts pour réparer fa faute ; il auroit pour-
fuivi avec toutes fes forces réunies, jufqu'à Egra
ces troupes fugitives ; il n'auroit pas enfin accordé fur le champ les plus grandes facilités à
ce qui étoit refté dans Prague pour en fortir.

Rien n'eft plus incertain que des conjectures :
mais il en eft qui réuniffent tant de degrés de
probabilité, qu'il eft difficile de s'y refufer ; nous
ne prétendons point, en admettant cette opinion,
diminuer en rien le mérite du Général François
qui a fu fi habilement ordonner & exécuter cette
grande manœuvre de guerre. Tout ce qui con-
cernoit les difpofitions & les détails relatifs à
des mouvemens de troupes étoit un talent que

le Maréchal de Belle-Iſle poſſédoit en grand ; tout
autre que lui peut-être eût regardé l'exécution
de cette marche, dans une pareille ſaiſon, comme
impoſſible ; il falloit au Général beaucoup de
courage d'eſprit pour l'entreprendre ; il falloit
avoir à conduire des troupes capables d'enviſager
la mort ſous toutes les faces avec ce dédain &
cette ſécurité qui caractériſent la plus haute valeur.
Mourir à ſes drapeaux par la vivacité du froid
ou par la multitude des coups de fuſils, pour
un ſoldat, c'eſt également mourir au lit d'honneur : ainſi, de quelque manière qu'on la veuille
conſidérer, cette marche doit immortaliſer le
Général qui l'a conduit & les troupes qui l'ont
exécuté.

Mais cette armée, ſortie de Prague, rentra
en France tandis que le corps du Prince Lobkowits vint dans le Haut-Palatinat augmenter
les forces du Prince Charles ; ce corps y arriva,
ainſi que nous l'avons dit, vers les 12 & 15 Janvier : & dès le commencement de Février il attaqua nos quartiers ſur la Vils ; il força nos troupes
à évacuer Rieden & Schmidmil, & prit priſon-
nières de guerre, le 16 Février, celles qui étoient

poftées à Hochenfée. Pour rétablir la communi-
tion du Danube à Amberg, il fallut que le Maréchal de Broglie, par de nouvelles difpofitions,
renforçât cette partie; il y fit marcher plufieurs
brigades aux ordres du Marquis de Balincour
qui fe porta fur les mêmes quartiers abandonnés
par nos troupes, & les occupa de nouveau.

L'Empereur revint à Munich le 19 d'Avril,
dans la vue d'exciter par fa préfence, les opérations offenfives qu'il croyoit toujours poffibles;
il follicita fortement le Maréchal de Broglie de
fe raffembler fur l'Inn & d'attaquer Scherding
& Paffaw : ce Maréchal lui en démontra l'impoffibilité en lui faifant connoître que, dans la pofition étendue de fon armée, il ne pouvoit porter
dans cette partie que trente-cinq bataillons &
cinquante efcadrons. Il n'y eut donc de mouvement dans les troupes, malgré les inftances de
l'Empereur, que lorfque les circonftances en
firent une néceffité, & ces circonftances ne fe
firent point attendre.

Le Prince Charles rejoignit l'armée du Comte
de Kevenhuller à Wilshofen, fur le Danube, le
15 d'Avril. Il y fit jetter un pont avant la fin

de ce mois, & fit paffer un corps aux ordres du
Général Rott à Allerfpach , fur la Baffe-Vils.
Sur ces mouvemens le Maréchal de Broglie ren-
força fes poftes fur l'Ifer, & envoya le Comte
de Saxe à Amberg pour s'oppofer, dans le Haut-
Palatinat, à ceux du Prince Lobkowits. On fe
flatta de pouvoir faire échouer dans cette difpofition tous les deffeins des Généraux Autrichiens.
On trouve dans la campagne de 1743 du Maréchal
de Noailles, imprimée à Amfterdam en 1760,
une lettre de ce Maréchal à M. d'Argenfon, du
27 Mai, dans laquelle il dit « en avoir reçu une
» du Maréchal de Broglie , du 4 Mai, où il lui
» marque pofitivement que toutes fes troupes
» étoient bien enfemble tant en-deçà qu'en-delà
» du Danube, & très à portée de s'oppofer aux
» entreprifes des ennemis ». Cependant le moment approchoit où la fcène alloit changer de
face. Le Général Rott marcha le 6 de Mai avec
neuf mille hommes fur les quartiers que nos
troupes occupoient entre l'Inn & l'Ifer; il enleva,
dans divers poftes, plufieurs de nos compagnies
franches, & tous les régimens occupans cette
partie ne durent leur falut qu'à leur prompte

retraite ; M. de Philippe les replia toutes fur Dinguelfinguen, où il arriva le 10 de Mai.

Dans ce même tems le Prince Charles avoit paffé l'Inn avec quarante-huit bataillons & neuf régimens de cavalerie ; il arriva le 9 à Erlebach où étoit le Comte Minutzi avec neuf bataillons & douze efcadrons Bavarois : n'ayant pas voulu ou pu fe retirer, le Prince Charles l'attaqua. Il prit le Général & défit toutes fes troupes ; les débris fe réfugièrent dans Bronnau : il s'y trouvoit déjà trois bataillons en garnifon : ce qui en fit douze de diminution pour l'armée. Les Autrichiens marchèrent le 15 & le 16 fur Dinguelfinguen, fitué à la rive droite de l'Ifer, mais M. Philippe paffa cette rivière pendant la nuit, laiffant deux mille grenadiers ou piquets dans la ville. Elle fut attaquée le 17 ; le pofte étoit très-mauvais : nos troupes y tinrent jufqu'à deux heures après midi. Elles repaffèrent le pont de l'Ifer, & il nous en coûta, pour couper ce pont, fous le feu le plus meurtrier, cent vingt Officiers & cinq cens foldats tués ou bleffés. Cette opération fe fit tout à découvert, avec l'intrépidité la plus grande de la part de nos troupes. Que de regrets n'a-t-on pas de perdre d'auffi braves gens, fans aucune utilité!

Landau fitué auffi fur la rive droite de la même rivière, fut attaqué le 19. La garnifon s'étant retirée plutôt, ne perdit que douze hom-mes; mais à Deckendorff, fitué à la rive gauche du Danube où commandoit Mgr le Prince de Conti, la perte fut plus grande. Le Prince Charles repaffa le Danube fur fon pont de Winzer, près Vilshofen, le 26 Mai. Trois redoutes affez mau-vaifes, & dominées de plufieurs endroits, défen-doient les hauteurs qui plongeoient dans la ville de Deckendorff, pofte infoutenable, féparé du Danube par une plaine qui rend la communi-cation avec les ponts très-dangereufe & très-peu sûre. Les redoutes furent attaquées avec un feu d'artillerie & de moufqueterie fi vif, que les troupes, malgré leur fermeté, furent obligées de les évacuer, lorfqu'elles eurent été en partie rafées. Il en fut de même de la ville où l'on fe battit de rue en rue, avec beaucoup de valeur & peu de fruit. Il fallut fe retirer. Un moment plus tard, tous ces corps euffent été prifonniers de guerre. Mgr le Prince de Conti, avec vingt ans de plus , eût moins écouté fon courage , & n'eût pas entrepris une défenfe impoffible. Toutes les troupes fous fes ordres , après avoir détruit le pont , campèrent fur la rive droite du Danube près de Vifcherdorff.

Le Prince de Lobkowits ne refta pas dans l'inaction pendant ces mouvemens. Il fe raffembla & vint camper le 28 Mai à Schwandorf fur la Naab. Le Comte de Saxe , commandant à Amberg, voulut prévenir l'attaque de fes poftes. Il fentoit l'impoffibilité de fe défendre en détail. Il laiffa le Marquis de Brezé à Amberg , avec les régimens d'infanterie de Montmorin & de Guienne, lui enjoignant de fe retirer fur Ingolftat , en cas qu'il fût attaqué. En même-tems il replia toutes fes troupes fur Stat-Amhof, fauxbourg de Ratisbonne, à la rive gauche du Danube, où il arriva le 30 de Mai, & paffa ce fleuve la nuit du 2 au 3 de Juin , à l'approche du Prince de Lobkowits , qui marchoit fur lui, pour l'attaquer avec des forces fupérieures aux fiennes.

Ces grands mouvemens du Prince Charles n'avoient point encore fait perdre l'efpérance de fe foutenir en Bavière , en y défendant l'Ifer &

le

le Danube; du moins la manière dont les troupes y étoient reparties, femble l'indiquer. A cette époque des premiers jours de Juin, l'armée de l'Empereur occupoit avec douze bataillons la ville de Braunaw; huit bataillons & fix efcadrons étoient à Munich & à Wolfershaufen fur la Haute-Ifer, avec un régiment de huffards; quatorze bataillons & trente-neuf efcadrons de cette même armée étoient à Landshut fur l'Ifer; enfin un bataillon des gardes & le régiment de huffards de l'Empereur occupoient Fridberg, vis-à-vis Ausbourg. Les troupes de l'armée Françoife occupoient divers poftes, & garniffoient la rive gauche de l'Ifer, depuis Landshut jufqu'à fon confluent dans le Danube, & la rive droite en remontant ce fleuve jufqu'à Kalhaim au-deffus de Ratisbonne & de-là la rive gauche, jufqu'à Donawert. Le Maréchal de Seckendorf ayant fon quartier général à Landshut, & le Maréchal de Broglie à Straubinguen.

La Cour avoit fort à cœur alors de conferver la Bavière. Toutes les vues s'étoient tournées de ce côté. Le plan de campagne pour l'armée du Maréchal de Noailles, arrêté avec lui, avant

Tome II.   P

fon départ de Verfailles, étoit fur le point d'être changé. On voit par cette même lettre de ce Maréchal à M. d'Argenfon, du 27 Mai 1743, déjà citée, & par celle qu'il écrivit le même jour au Roi, qu'outre l'envoi qui lui fût ordonné de douze bataillons & dix efcadrons à Donavert, on vouloit qu'il fe portât avec toute l'armée à Vimphen fur le Neker. Ces deux lettres font fort curieufes (1). Rien n'eft plus folidement combattu & détruit, que ce nouveau projet de porter encore cette armée fur le Danube, laiffant à découvert toutes les frontières, & la liberté à l'armée du Roi d'Angleterre, raffemblée fur le Mein, d'entrer en Alface. Le Maréchal de Noailles avoit été admis au Confeil d'Etat au mois de Mars de cette année. Il étoit donc devenu, autant politique que militaire. Il avoit formé un plan de campagne qui avoit été approuvé au Confeil; étoit-il de la fageffe de ce même Confeil, dont aucun des membres n'étoit militaire, de le changer en fon abfence? Le plan

_____

(1) Tout le Recueil de Lettres imprimées en 1760, ayant pour titre, *Campagne de M. le Maréchal de Noailles en 1743*, eft extrêmement intéreffant, & fait un honneur infini à ce Maréchal.

nouveau n'eut point fauvé la Bavière, mais il eût expofé nos armées à être détruites, & nos provinces à être dévaftées. Le Maréchal de Noailles, en homme d'Etat, s'y refufa, déclarant qu'il n'obéiroit qu'à un ordre de la propre main du Roi, & ne changea rien à fes premières difpofitions. Il apporta feulement la plus grande diligence dans l'envoi du corps de douze bataillons & dix efcadrons deftinés pour la Bavière, dont il donna le commandement au Comte de Ségur. Le corps partit de Vimphen le 4 de Juin, pour arriver en onze jours à Donawert.

Mais l'à-propos manquoit encore à cet envoi, qui rendit ce corps inutile à l'armée du Mein & à l'armée de Bavière. Le 6 de Juin, toutes les difpofitions défenfives de cette armée avoient été renverfées. Le Prince Charles ayant paffé le Danube fur un pont, qu'il avoit établi pendant la nuit à Poching, près de Deckendorff, & au-deffus de l'embouchure de l'Ifer, dépofta, par fa pofition, toutes nos troupes le long de cette rivière. Le Maréchal de Broglie envoya ordre à tous fes différens corps de fe replier fur Ratisbonne, où ils arrivèrent le 8. Le Maréchal s'y

rendit le même jour , pour en partir le 9 , &
arriver avec toute l'armée le 11 , derrière la
rivière de Pars , près d'Ingolſtat , où elle ſe réunit aux troupes de l'Empereur , réduites à huit
mille hommes , que le Maréchal de Seckendorf
avoit conduites de Landshut en droiture à Ingolſtat. L'Empereur n'avoit quitté Munich , pour ſe
rendre à Ausbourg , que le 9 de Juin , deux jours
après que les troupes Françoiſes avoient abandonné la Baſſe - Iſer. Ce fut là qu'il apprit la
retraite de l'armée d'Ingolſtat à Donawert , où
elle arriva le 23 Juin , & ſon départ décidé pour
rentrer en France. Cette réſolution à laquelle il
ne parut pas qu'il eût été préparé , l'affecta beaucoup. Il s'étoit flatté qu'à la réunion de ſes troupes à l'armée de France , près d'Ingolſtat , ſous
une place de guerre qui leur ſerviroit d'appui ,
on tenteroit le ſort des armes , dans une poſition
où la retraite ſeroit aſſurée ; mais ayant reconnu
qu'il n'y devoit plus compter ; il ſigna dès le 27
du même mois , un traité avec le Comte de
Kevenhuller , par lequel ſes troupes , autant
qu'elles reſteroient dans l'Empire , ſeroient regar-
dées comme troupes des Cercles , & ne ſeroient

point attaquées par celles de la Reine de Hongrie. Elles occupèrent Donawert, d'abord après le départ de la dernière divifion des troupes Françoifes. L'Empereur partit le lendemain 28, d'Ausbourg pour retourner à Francfort.

Ce Prince fe plaignoit hautement d'avoir été fi cruellement abandonné, fuivant fon expreffion ; mais loin de chercher à nous prévaloir contre lui des malheurs auxquels il peut avoir eu part, nous conviendrons que les plus grands ont eu d'autres principes. Les obligations que cette guerre entraînoit, ont été trop peu connues & trop mal remplies. Elle étoit purement offenfive, & ne devoit jamais ceffer d'être conduite fur ce principe. Nous n'entendons point juger les perfonnes : nous ne confidérons que les événemens ; car les défaftres, dans des cas femblables, font les effets de tant de caufes, qu'ils deviennent du genre de ces maladies contagieufes, qu'on ne peut imputer qu'à l'air corrompu. Tout l'enfemble des difpofitions étoit vicieux. Le premier mobile, les forces ont été infuffifantes pour former des opérations offenfives, & fur-tout point de places fortes pour en affurer le fuccès. De cette dernière caufe feule, a réfulté l'impoffibilité de fe réduire même à foutenir une guerre défenfive en Bavière. Vienne a fauvé l'Autriche : rien n'eft plus évident. Munich ne pouvoit jamais être ce qu'étoit Vienne ; mais fi Munich eût été une bonne place, entourée de quelques forts, difpofés de manière à pouvoir former un bon camp retranché, placée fur le Haut-Ifer, fa fituation eût été des plus avanta-geufes pour des dépôts en tout genre, & pour y réunir, comme dans un centre, tout ce qui pouvoit être utile aux armées, & les protéger ; foit qu'elles euffent à agir fur le Bas-Danube, ou qu'après des malheurs elles euffent été for-cées à des marches rétrogrades ; que cette place principale eût eu des acceffoires : que les paffages du Tirol euffent été fermés par de bons forts : trois places fur l'Inn, petites, mais d'une bonne défenfe, telles que Wafferbourg, Braunau & Charding ; une fur la Baffe-Ifer, Dinguelfingue ou Landau ; une fur le Danube à Vilfoffen, avec Straubingue & Ingolftat déjà exiftans ; alors la Bavière eût fourni les plus grandes reffources, pour conquérir & pour conferver ; mais fur-tout la sûreté du pays eût été entière avec une pareille difpofition. Si l'armée Françoife y eût trouvé ces fecours, dans quelqu'état de foibleffe qu'elle eût été réduite, & quelque nombreufes qu'euffent pu être les armées Autrichiennes, il leur eût fallu bien des années pour l'obliger à l'évacuer ; tandis que dans l'état des chofes en 1742, le feul paffage du Danube, au-deffus de l'Ifer, a rendu la défenfe de ces deux rivières impoffible, & forcé d'aller chercher un point de réunion fous Ingolftat. Si l'on veut confidérer avec quelqu'attention les manœuvres poffibles à une armée qui a entrepris de garder l'Ifer & le Danube, qui vient à être percée par fon centre près de Deckendorff, on reconnoîtra que c'eft à Ingolftat feul qu'elle peut fe raffembler, & de ce moment la Bavière eft perdue.

Il n'eft point de pays qui n'ait autant à gagner ou à perdre, à avoir ou n'avoir pas de places de guerre fur fes frontières. Nous avons prouvé par l'exemple de la Siléfie, de la Bohéme, de la Moravie, de l'Autriche & de la Bavière, l'utilité de celles qui s'y font trouvées, telles qu'elles étoient, & combien un plus grand nombre &

de plus fortes auroient été plus avantageufes encore. A ces vérités qui ne peuvent être raifonnablement conteftées, on objectera la dépenfe ; mais ce fera fans y avoir fuffifamment réfléchi ; car ce qu'il en coûte au Souverain , ce qu'il en coûte à une province où l'ennemi pénètre de vive force , ne peut fe calculer. A quelque fomme que montent les contributions , c'eft encore le fardeau le plus léger. Le fer & le feu détruifent tout. Il n'y refte fouvent que le fol couvert de cendres. Lorfque ce fléau eft paffé , après plufieurs années de mifère , il faut cependant que ces malheureux habitans trouvent des reffources pour former de nouveaux établiffemens : il faut rebâtir de toutes parts des villes , des bourgs , des fermes ; tirer de l'étranger , à grands frais , des beftiaux pour labourer & des grains pour enfemencer. Ce que la Saxe a perdu ne peut s'eftimer. Combien de places de guerre on auroit pu bâtir avec une partie de ces fommes ! Il devroit en être des travaux relatifs à l'établiffement ou à l'entretien des places frontières , comme de ceux relatifs aux grands chemins. Chaque canton devroit pourvoir à fa fûreté , comme il pourvoit à la

commodité

commodité de ſes communications. Mais, dira-
t-on, il ne ſuffira pas de les bâtir, il faudra les
défendre, & le nombre des ſoldats dans les places, ne peut être augmenté qu'aux dépens du
nombre de ceux deſtinés à former les armées?
La réponſe à cette objection ſera encore facile.
Pourquoi ne leur trouveroit-on pas des défenſeurs parmi ceux qui ſont les plus intéreſſés à
leur conſervation? La défenſe d'un rempart eſt
bien plus à la portée d'un nouveau ſoldat, que
celle d'une plage unie où l'ennemi vient ſubite-
ment faire une deſcente. Cependant les bataillons gardes-côtes y ſervent fort utilement; & ſi
l'on juge d'une néceſſité indiſpenſable d'y joindre des troupes réglées, c'eſt que les manœuvres à faire vis-à-vis de l'ennemi, ſur une côte,
demandent la même adreſſe & des troupes tout
auſſi exercées que celles employées dans les
armées. Pourquoi chaque province n'auroit-elle
pas ſes bataillons gardes-places, compoſés des
habitans & des Officiers retirés de chaque canton? Si les méthodes que nous propoſons étoient
adoptées : que les défenſeurs fuſſent couverts,
ainſi que nous en indiquons les moyens, l'homme

Tome II.   Q

le plus nouveau, & même l'homme du courage
le plus équivoque, vaudroit autant qu'un grena-
dier. Alors la guerre fe dirigeant fur une telle
frontière, les bataillons gardes-places fe ren-
droient chacun à leur deftination pour y fervir
fous les ordres des Officiers de l'Etat-Major de
ces places; & il n'y a pas de doute qu'ils n'y fer-
viffent avec zèle, parce qu'on défend toujours
bien fes foyers. Nous ne pouvons point entrer
ici dans tous les détails dont cette matière feroit
fufceptible ; mais nous pouvons affurer que fi
nous avons des moyens de conftruire des places,
d'une grande économie pour les finances, nous
en avons de même pour les défendre, qui donne-
roient lieu à une économie toute auffi grande pour
les troupes réglées ; & nous avançons, comme
une vérité démontrée, que chaque province frontière, connoiffant fon véritable intérêt, devroit demander à fon Souverain, comme une grace, d'élever à fes dépens le nombre de places néceffaires à la
sûreté de fes frontières, & que les habitans les plus
intéreffés fuffent chargés du foin de les garder (1).

_____

(1) Pendant la guerre de 1733, M. le Maréchal Dubourg, commandant en Alface, avoit fait établir le long du Rhin, depuis Huningue

Les fonds néceffaires à leur entretien fe tireroient
de la caiffe de la province , où il en feroit verfé à
cet effet, & d'où il en feroit tiré de même pour
les fournitures d'armes dans les arcenaux , & de
même pour des munitions de guerre & de bouche ; quant à ces dernières , fufceptibles d'être
détériorées par le tems , les grains fur-tout, ref-
teroient dans les villes & bourgs voifins , jufqu'au moment du befoin , d'où ils feroient tranfportés au premier ordre dans la place de leur
deftination.

Nous voudrions prévenir par ces établiffemens
particuliers dans chaque province , les embarras
inouis où fe trouve le miniftère , lorfqu'une
guerre furvient fubitement. Les places font en

jufqu'à Lauterbourg , foixante-feize redoutes pour fa défenfe , & formé
dans treize bailliages , un corps de milice de neuf mille fept cens vingt-
trois hommes , chargés de la garde & de l'entretien de ces redoutes. Ces
habitans zèlés , fe fourniffoient d'armes , de munitions & de vivres. Ce
bel établiffement , au lieu d'être perfeétionné , fut abandonné , ainfi
que les redoutes, à la paix de 1736. On en rétablit à la hâte une partie
en 1743 , lorfque les armées de Noailles & de Coigny s'efforçoient de
couvrir la Haute & la Baffe-Alface ; mais comme tout manquoit à la
fois fur cette frontière , fi dangereufement menacée, on y fit ce qu'on
put, c'eft-à-dire, peu de chofe utile. Ce n'eft pas quand l'ennemi eft en
préfence , qu'il eft tems de commencer à s'occuper de la défenfive d'une
frontière.

ruines; les places manquent de tout , & l'on n'a
fouvent ni le tems ni l'argent pour y porter
remède. Tout entretien qui n'eft pas l'effet d'un
ordre permanent , d'un ordre établi particulièrement , & fans aucun rapport avec d'autres parties de l'adminiftration , n'a jamais qu'une exécution incertaine , dont on s'occupe toujours
d'autant moins , qu'il aura été plus négligé. Dès
que l'objet devient confidérable , il effraie , &
tout ce qui effraie , repouffe. Les hommes d'ailleurs penfent fi différemment ! Un Miniftre aura
pris un foin particulier d'une partie , parce qu'il
la juge d'une grande importance ; fon fucceffeur
la voit tout autrement , & porte fes attentions
de tout un autre côté. Dans l'ordre que nous
defirerions voir établi pour l'entretien des places ,
ils n'auroient pas à fournir aux dépenfes de ces
objets : ils ne s'en occuperoient que pour décider les travaux convenables à chaque place qui
auroit des fonds deftinés à les acquitter , dont la
province feule auroit la manutention. Ce font
des vues qu'on ne peut encore qu'effleurer ici ,
& qui pourront paroître hafardées , par la feule
raifon qu'elles n'y font pas fuffifamment détail-

lées ; mais il ne faut pas nous le diffimuler ; elles feront bien plus sûrement dédaignées. Un particulier ifolé, fans miffion quelconque, peut impunément avoir raifon. Perfonne ne l'écoute. Ceux chargés des grandes parties de l'adminiftration, ont leur courant qui les entraîne. Tout y paffe néceffairement, le mal à côté du bien. Pour arrêter l'un & opérer l'autre, il faudroit le tems de les confidérer. Mais enfin, plus on répandra de vérités utiles dans la maffe des opinions d'une nation, plus il y aura de probabilités d'en voir mettre quelqu'une en ufage. Que ceux qui ne peuvent que dire, difent toujours ; ceux qui peuvent faire, feront peut-être un jour.

Les preuves que nous pourrions donner fur l'utilité des places de guerre, fe tireroient également de toutes les campagnes, fur lefquelles nous étendrions nos obfervations ; mais les bornes que ce Chapitre doit néceffairement avoir, nous forcent à réduire nos exemples à cette feule guerre en Allemagne. Nos regrets à ce fujet font d'autant plus grands, que la fin de la campagne de 1743 & celles qui la fuivirent, foit en Flandres, foit en Alface, foit en Italie, offrent les détails

les plus intéreſſans , & les remarques les plus
importantes , relativement à leur objet plus ou
moins bien rempli , & relativement ſur-tout à
la part que les places de guerre ont eue , aux
malheurs ou aux ſuccès de chacune de ces campagnes. Nous eſpérons cependant que ce que nous
en avons dit, ſuffira pour faire regarder les places
comme une baſe ſur laquelle toute opération militaire doit être établie. Plus elles ſeront fortes, plus
la baſe ſera ſolide ; d'où naît néceſſairement le
mérite des recherches dont nous nous occupons.
Heureux, ſans doute, ſi par nos ſoins, un art auſſi
utile peut acquérir quelque degré de plus.

_____

N. B. Nous donnons ici , à la fin de ce Chapitre, l'Extrait de quelques
Lettres de MM. les Maréchaux de Noailles & de Coigny , commandans les armées d'Alſace , à M. d'Argenſon en 1743 , & de quelques
autres Officiers Généraux , imprimées à Amſterdam en 1760 , pour faire
connoître dans quel état ſe trouvent les places lorſqu'une guerre ſur-
vient , & faire ſentir par les regrets que les Généraux forment de les
trouver en cet état , combien il ſeroit important de prendre à cet égard
des arrangemens ſolides , capables de prévenir des négligences auſſi préjudiciables.

   L'on ſait dans quelles circonſtances critiques la France ſe trouva à cette
époque. Les armées de Bohéme & de Bavière rentrées dans le Royaume
preſque détruites : le Prince Charles ayant établi un pont ſur le Rhin en
Haute-Alſace , tandis que le Roi d'Angleterre étoit prêt à pénétrer dans
la Baſſe. Les forces que nous pouvions alors oppoſer , faiſoient à peine
la moitié de celles de nos ennemis.

Extrait de diverſes Lettres de M. le Maréchal de Noailles à M. d'Argenſon, imprimées à Amſterdam en 1760, 2 vol. ſous le titre de Campagne de M. le Maréchal Duc de Noailles en 1743.

Du Camp de Steinhem, le 8 Juillet 1743.

M. le Maréchal de Noailles à M. d'Argenſon. Tome 1ᵉʳ, p. 314.

—4°. Il ne ſera pas moins eſſentiel de penſer aux Fortifications des Places les plus expoſées; car je dois vous dire qu'elles ſont preſque toutes en très-mauvais état; & en particulier Landau.

Du Camp de Spire, le 30 Juillet 1743.

M. le Maréchal de Noailles à M. d'Argenſon. Tome 1ᵉʳ, p. 374.

Je compte me rendre jeudi prochain à Landau, pour voir par moi-même cette Place, qu'on dit, ainſi que toutes celles d'Alſace, dans un état auſſi pitoyable, que celui où j'ai trouvé l'année dernière les Places de Flandres.

Vous aurez vu, Monſieur, par les états que je vous ai envoyés, que j'ai deſtiné M. de Salieres à commander dans cette Place, où l'on a beſoin, dans le moment préſent d'un homme entendu & capable, autant pour la mettre en défenſe, que pour la défendre, en cas d'attaque......

J'ai, en même-tems, formé ſous cette Place un camp de quinze bataillons, deux régimens de dragons & une brigade de cavalerie. On emploiera une partie de ces troupes à réparer, le plus promptement qu'il ſera poſſible, les glacis, chemins couverts, banquettes & autres réparations les plus indiſpenſables. On verra enſuite ce qu'il conviendra de faire pour pourvoir au ſurplus......

Une autre Place, Monſieur, pour laquelle il eſt néceſſaire d'avoir une attention très-particulière, eſt le Fort-Louis. Il ne faut pas perdre un inſtant pour en ordonner l'approviſionnement, ainſi que celui de Landau.

Ces deux Places & les lignes de la Loutre font toute la défenſe de la Baſſe-Alſace. J'ai fait paſſer ſur cette rivière, un corps de troupes, pour les remettre en état, & raccommoder Lauterbourg qui en forme la tête.

Du Camp de Spire, le 11 Août 1743.

Tome II, p. 53.

M. le Maréchal de Noailles à M. d'Argenson.

.... Je compte décamper d'ici après demain, avec tout le reste de l'armée, pour prendre le chemin de la Loutre, où je pourrai m'arrêter pour accélérer le rétabliffement des lignes ; rien n'étant plus effentiel, à tous égards, que de les mettre en bon état & promptement.

Landau, le 29 Août 1743.

Tome II, p. 82.

M. le Maréchal de Noailles à M. d'Argenson.

: : : . . . . 1°. Landau n'eft point approvifionné, & quelques repréfentations que j'aye pu faire à ce fujet, je n'ai pu y parvenir ; il y a pourtant trente-fix ou trente-fept jours de bon compte que j'en ai donné les ordres pour la première fois. . . . . L'objet de Landau eft fi important, qu'il m'a paru l'emporter fur toute autre confidération, & il faut efpérer que notre préfence fur les lieux accélérera une opération auffi effentielle.

2°. Les lignes de la Loutre ne font point en état, c'eft un ouvrage de plus de deux à trois mois. . . . . . . On les a laiffé totalement dégrader, & ce fera un article dont je compte vous entretenir, Monfieur, dans un tems plus tranquille.

Du 20 Septembre 1743.

Tome II, p. 166.

Lettre de M. de Crémille à M. d'Argenson.

. : : : . . . Monfieur le Maréchal (de Noailles), en s'éloignant de Landau, y laiffe pour garnifon fept bataillons d'anciennes troupes, trois bataillons de milices, trois efcadrons de cavalerie, deux compagnies franches & cent canonniers, ce qui fait un total de fept à huit mille hommes de garnifon.

Du Fort-Louis, le 24 Septembre 1743.

Page 227.

M. le Maréchal de Noailles à M. d'Argenson.

J'arrive ici, Monfieur, après avoir longé les lignes de la Loutre & vifité Lauterbourg ; . . . . ces lignes font en très-mauvais état : la néceffité d'opter entre leur rétabliffement . . . . a forcé de marcher fur la Queich avec les troupes qui auroient pu être employées fur Loutre (& les mettre en état).

Je

Je ne saurois vous dire quel est celui de Lauterbourg ; on y peut entrer à pied & à cheval presque de tous les côtés. . . . .

Au Camp d'Haguenau, le 27 Septembre 1743.

M. le Maréchal de Noailles à M. d'Argenson. Page 236.

J'ai eu l'honneur de vous écrire, Monsieur, le 24, du Fort-Louis, & de vous informer de l'état pitoyable où se trouvoit Lauterbourg ; j'ai ordonné en conséquence à M. de Valliere de prendre ses mesures pour en évacuer l'artillerie. . . . . Je ne saurois non plus vous dissimuler que j'ai été très-peiné de l'état où j'ai trouvé les fortifications de l'isle du Fort-Louis ; . . . . , je l'ai trouvé d'ailleurs dépourvue de toutes les munitions nécessaires. . . . . Un des points les plus importans c'est d'y envoyer cent mille palissades.

Voilà à-peu-près la situation de cette place qui demande beaucoup d'attention, & où il est nécessaire de faire travailler sans perdre de tems ; j'y ai laissé trois Ingénieurs pour conduire les travaux : on commandera un nombre de pionniers & de soldats pour les exécuter. Ce font des détails pour lesquels il est nécessaire de commettre des personnes entendues & de faire des fonds.

J'ai été du Fort-Louis à Drufenheim, où il reste encore les traces des anciennes fortifications ; . . . . il est essentiel & aisé de le fortifier bien & promptement.

De Drufenheim j'ai été à Haguenau, qui est également dégradé.

Il résulte du peu de soin qu'on a eu de l'entretien des frontières & de la sûreté du Royaume, qu'il n'y a aujourd'hui dans la Basse-Alsace que Landau qui puisse arrêter un ennemi, & s'il étoit supérieur à un certain point, il pourroit très-aisément le laisser derrière lui, ce qui mettroit l'Alsace en très-grand danger.

A Haguenau, le 30 Septembre 1743.

M. le Maréchal de Noailles à M. d'Argenson. Page 257.

— J'ai eu l'honneur de vous marquer, Monsieur, que les lignes de la Loutre n'étoient point en état de défense, & l'impossibilité où l'on a été de pouvoir les rétablir, parce que les travaux en étoient incompa-

Tome II. R

tibles avec les mesures indispensables pour les réparations & l'avitaillement de Landau, ainsi que pour les subsistances de l'armée.

Je vous ai également informé de l'état pitoyable où j'ai trouvé Lauterbourg & le Fort-Louis ; la première de ces deux places est en si mauvais état qu'on ne saurois seulement penser à la soutenir, & qu'il n'y a de parti à prendre que de l'abandonner. . . . .

. . . . . . en croyant ces événemens possibles, je suis bien éloigné de dire qu'ils arriveront, mais je ne le suis pas moins d'assurer qu'ils n'arriveront pas, & dans ces circonstances, je pense qu'il seroit de la prudence de songer sérieusement à mettre Strasbourg en état. . . . .

EXTRAIT *de diverses Lettres de M. le Maréchal de Coigny, & de quelques autres Officiers Généraux, imprimées à Amsterdam en 1760, 2 vol. sous le titre de* Campagne de M. le Maréchal Duc de Coigny en 1743.

De Strasbourg, le 17 Juillet 1743.

Tom. 1er, p. 15. *Lettre écrite par M. le Maréchal de Broglie à MM. les Commandans d'Huningue, du Fort-Louis & de Lauterbourg.*

Je vous prie, Monsieur, de prendre la peine d'examiner, de concert avec l'Ingénieur en chef de votre place, les redoutes qui avoient été établies, la guerre dernière, le long du Rhin, dans l'étendue de votre commandement, suivant l'état qui accompagne cette lettre, & de vous entendre avec le Subdélégué de M. l'Intendant, à qui il a écrit en conséquence, soit pour faire fournir le nombre de pionniers que l'Ingénieur demandera pour le rétablissement des redoutes, soit pour commander dès à présent le nombre d'hommes nécessaires pour la garde desdites redoutes, ou du terrein dans lequel elles doivent être rétablies; & comme il se peut fort bien faire que ce terrein ayant été ruiné par les eaux du Rhin n'existe plus, il sera très-à-propos d'en faire reconnoître les environs pour y placer à portée les mêmes redoutes qui avoient été cy-devant sur pied.

Je vous prie de vouloir bien m'informer des arrangemens que vous ferez en conséquence de ce que je vous marque.

De Strasbourg, le 17 Juillet 1743.

Lettre de M. le Maréchal de Broglie, à M. le Maréchal de Noailles. Tom. 1ᵉʳ, p. 21.

— J'ai donné tous les ordres pour faire remettre les bords du Rhin dans le même état où ils étoient dans l'autre guerre, & que commandoit M. le Bailli de Givry, qui eft la meilleure difpofition que l'on puiffe faire, à laquelle M. le Maréchal du Bourg avoit donné toute fon attention.

Par l'arrangement de M. le Maréchal du Bourg, il n'en coûte rien au Roi, les Communautés fourniffant tous les bois, chandelles, &c. j'en ai tout le détail, & M. de la Grandville a envoyé les ordres pour fon exécution.

De Strasbourg, le 19 Juillet 1743.

Lettre de M. le Comte d'Eftrées à M. d'Argenfon. Pages 33 & 36.

J'ai fait enlever, Monfieur, fuivant les ordres que j'en avois reçu, quatre cens bateaux depuis Huningue jufqu'à Strasbourg. . . . . Il n'y a point de fufils dans Huningue, à peine la garnifon eft-elle armée.

De Brifack, le premier Août 1743.

Lettre de M. Baudouin (Directeur des Fortifications d'Alface) à M. d'Argenfon. Page 72.

— On travaille à rétablir les redoutes & à faire les chemins de communications par les pionniers de la Province. . . . .

— M. de la Granville vient de me mander d'envoyer un état à M. le Comte de Saxe, à Schéleftat & un double à lui, des provifions de bouche qu'il faudroit au Neuf-Brifack en cas de fiége, les réparations & ce qu'il faudroit tant pour l'artillerie que pour le génie, c'eft à quoi je vais travailler inceffamment.

De Schéleftat, le 2 Août 1743.

Lettre de M. le Comte de Saxe à M. d'Argenfon. Tom. 1ᵉʳ, p. 77.

— Je fuis trop attaché à mon devoir pour vous céler que vos places ne font point pourvues ; que les fortifications en font en très-mauvais état ; que dans aucune d'elles il n'y a le nombre de paliffades qui doit y être ; que dans la Province il n'y a pas un magafin ; . . . . que vous avez affaire à un ennemi entreprenant, actif, peu mefuré :

. . . . ne croyez pas que vos places lui foient un grand obftacle, & quoiqu'il n'ait pas les chofes néceffaires à un fiége, vous en verrez prendre fans coup férir. . . . .

De Huningue, le 2 Août 1743.

Page 94.   *Lettre de M. de la Ravoye (Commandant à Huningue) à M. d'Argenfon.*

— J'ai l'honneur de vous repréfenter, Monfeigneur, que la place d'Huningue, qui peut devenir de conféquence dans l'occurrence préfente, eft abfolument dénuée de tout approvifionnement, excepté de poudre & de balles & quelques farines ; il y auroit même à travailler pour la mettre en état, j'en ai rendu compte à M. le Maréchal de Noailles & à M. le Comte de Saxe.

De Huningue, le 13 Août 1743.

Page 126.   *Autre Lettre de M. de la Ravoye à M. le Comte de Saxe.*

— L'Ingénieur en chef vient enfin de recevoir des ordres pour faire paliffader & mettre cette place en fûreté ; je vais faire travailler avec vivacité : l'on me promet auffi de l'approvifionner inceffamment, après quoi je me flatte que l'on envoyera du monde pour faire le fervice. . . . .

Du Camp de Bautzenheim, le 31 Août 1743.

Tom. 1ᵉʳ, p. 217.   *Lettre du Maréchal de Coigny à M. d'Argenfon.*

— Je dois vous dire, Monfieur, que j'ai trouvé toutes les places du Haut-Rhin en affez mauvais état, mal entretenues & plus mal approvifionnées ; j'ordonne que l'on paliffade & qu'on répare le mieux qu'on le pourra la ville de Strasbourg, celle de Brifack, Betfort, auffi-bien que Schéleftat : il me paroît que Huningue eft la plus en état de défenfe. . . . .

Du Camp fous Haguenau, le 2 Octobre 1743.

Tom. III. p. 10.   *Lettre de M. le Maréchal de Noailles à M. le Maréchal de Coigny.*

Il feroit bien néceffaire de réparer Lauterbourg & les lignes de la Loutre. On travaille, autant que l'on peut, à Lauterbourg, mais cet ouvrage & celui des lignes exige grand nombre de pionniers que l'on n'a pas & que l'on n'a pu avoir jufqu'à préfent. Lorfque M. le Maréchal de Villars les forma en 1706, il y affembla environ douze mille pionniers, qui y furent employés pendant trois mois d'été ; il faudra y faire travailler fucceffivement pendant tout le cours de cet hiver.

CHAPITRE SECOND.

Des Redoutes.

Un des Problêmes les plus importants à réfou-
dre dans l'Art militaire, c'eft celui de trouver le
moyen de mettre un petit corps en sûreté, & en
peu de tems.

Jufqu'à préfent on n'a imaginé que des redoutes
entourées de paliffades placées, foit perpendiculairement dans le fond du foffé, foit en fraifes;
chacune de ces méthodes a le défaut effentiel
de laiffer les paliffades fans défenfe : les fufiliers,
placés au haut du parapet, ne peuvent en voir le
pied; ce qui donne aux attaquans la facilité de
les couper, ou de les arracher, fans avoir un
coup de fufil à effuyer, & l'évidence de ce très-
grand défaut prouve que le problême n'eft nullement réfolu ; auffi regarde-t-on généralement
des redoutes paliffadées comme des ouvrages
fufceptibles d'être emportés, l'épée à la main,
& par conféquent comme des ouvrages où tout
corps attaqué doit être enlevé. M. le Maréchal

de Saxe eſt un des Généraux modernes qui a
paru faire le plus de cas des redoutes ; il en par-
loit toujours avec les plus grands éloges : cependant, malgré ſon génie inventif, il ne nous a
donné, dans ſes Rêveries, qu'une redoute à flancs
ou, pour mieux dire, un fort à quatre petits
baſtions, d'environ quarante toiſes de côté, deſtiné à contenir un bataillon ; mais je n'ordonne-
rois jamais à aucune troupe de défendre un pareil
retranchement. Sans doute que ce n'étoit pas le
dernier mot de M. le Maréchal, car il étoit trop
homme de guerre pour ne pas ſentir tous les
défauts de la redoute propoſée ſous ſon nom.
On voit dans les Plans & Profils de cette redoute,
Planche première, *fig.* 1 & 2, que ſon parapet
n'ayant que cinq pieds d'épaiſſeur, n'eſt nullement capable de mettre des troupes à couvert;
la plus petite pièce de campagne perceroit un
tel parapet d'outre en outre : il ſeroit d'ailleurs
raſé dans un inſtant. Cependant, dans la forme
de cette redoute, il n'eſt pas poſſible de lui donner plus d'épaiſſeur, puiſque les petits baſtions
en ſeroient totalement remplis; avec un parapet
de cinq pieds, ils n'en ont que quinze de gorge:

Planche première.
Fig. 1 & 2.

on ne pourroit en augmenter l'épaiſſeur que fort peu, à moins que la gorge du baſtion ne fût totalement remplie , & de n'y laiſſer aucun eſpace pour les troupes.

Il paroît donc que ce n'eſt point par inadvertance qu'on n'a pas donné , dans ce deſſein, plus d'épaiſſeur aux parapets. Ce n'eſt cependant pas le ſeul défaut de cette redoute ; on y a prodigué inutilement les chevaux-de-friſe : on en a placé un rang en berme, & un autre rang , ſur le bord de la contreſcarpe du foſſé ; mais comme on ne donne pas plus d'un pied & demi d'élévation au-deſſus du niveau du terrain , au petit chemin couvert qu'on a pratiqué en-avant du foſſé , il ſuit que ces chevaux-de-friſe , fort coûteux & fort difficiles à ſe procurer, ſeroient briſés dès les premiers coups de canon de l'ennemi, ſans pouvoir rendre aucun ſervice. Le canon placé dans le profil en-avant du foſſé , ne paroît pas mieux réfléchi, puiſqu'il éteint, par ſa poſition, néceſſairement le feu de la redoute, d'où l'on ne peut tirer, ſans tirer ſur ceux deſtinés à ſon ſervice ; & dès que la redoute ne peut les protéger par ſa mouſquéterie , le feu de ces canons feroit d'autant plutôt éteint qu'on eft vu dans cette batterie jufqu'au-deffous de la ceinture : on a fans doute voulu, en donnant à ces redoutes cette forme baftionnée, fe donner l'avantage de défendre, par fes flancs, la paliffade placée au fond du foffé. L'objet étoit à la vérité très-important, mais il n'a été nullement rempli à caufe du peu d'épaiffeur du parapet, & parce qu'il ne feroit point poffible de tenir dans un baftion auffi petit, traverfé de tous les fens par les boulets de canon de l'ennemi.

On ne peut mettre en doute que M. le Maréchal n'ait parfaitement fenti lui-même tous ces inconvéniens, puifqu'on ne voit pas qu'il ait jamais fait exécuter ces fortes de redoutes en aucun endroit ; on en a même de lui qu'il a fait conftruire d'une façon toute différente devant le front de fon camp, pendant le fiége de Maeftricht : ces redoutes font des quarrés fans flancs, qui ont vingt-quatre toifes de côté extérieur & feize toifes de côté intérieur, avec un foffé de douze pieds de profondeur & vingt-quatre pieds de largeur en haut fur dix de largeur dans le fond, ce qui donne dix-fept pieds de largeur réduite, lefquels multipliés

PERPENDICULAIRE. 137

multipliés par douze pieds de profondeur, font un profil de cinq toises quatre pieds quarrés. Les fossés ont dans les quatre côtés de la redoute cent treize toises de longueur moyenne : ce qui donne, suivant leur profil, six cens quarante toises deux pieds cubes de terre pour chaque redoute, dont deux cens quatre-vingt étant fouillées au-dessous de six pieds de profondeur, exigent une banquette ou un relais de plus, à quoi on doit ajouter les soixante puits pratiqués au fond du fossé, qui donnent en total seize toises cubes de fouille à deux banquettes ou échaffauts pour le jet des terres. Tous ces toisés pourront être vérifiés, au moyen des Plans & Profils, Planche II, *fig.* 1 & 2. Les parapets qui ont quatorze pieds d'épaisseur sont élevés de dix pieds au-dessus du niveau du terrein. Si l'on veut calculer, en suivant les régles en usage pour les terrassiers dans les fouilles & remuement de terre qu'ils entreprennent, on trouvera qu'ils y employeroient seize cens dix journées dans un terrein ordinaire ; & comme une redoute de cette étendue ne peut pas contenir à la fois plus de deux cens soixante à deux cens quatre-vingt travailleurs, il suit qu'il fau-

Planche II.

Tome II. S

droit fix jours pour l'entière conftruction de cette redoute, à moins que le travail ne fût continué fans interruption jour & nuit, par des travailleurs nouveaux, qui fe relayeroient de fix heures en fix heures, comme cela fe pratique fouvent dans les armées; alors il feroit poffible qu'une redoute femblable fût achevée en moins de trois jours. Ces redoutes ont triple rang de paliffades, comme il eft marqué fur le Profil, *fig.* 2, fans qu'il y en ait au fond du foffé; mais on y a pratiqué des puits en entonnoir de trois pieds de diamètre par le haut & de fix pieds de profondeur. Telle eft, fans doute, l'efpèce de redoute que M. le Maréchal de Saxe regardoit comme la plus par-faite : cependant le foffé n'étoit vu que du ciel, comme dans toutes les redoutes. Celles-ci n'ont donc de particulier que les puits du fond du foffé, & l'on ne fait comment on a pu penfer qu'elles acquéroient, par ces puits, quelque degré de force de plus; comme fi un entonnoir de trois pieds, qui fe faute ou s'enjambe, pouvoit être un obftacle, fur-tout lorfqu'il fe trouve placé dans le fond d'un foffé, à l'abri des coups de fufils! A l'égard des triples rangées de paliffades,

on peut en mettre autant à toute forte de retranchemens, & on fait très-bien quand on a le bonheur d'en avoir une affez grande quantité ; mais
on ne fe trouve que trop fouvent dans le cas de
n'en avoir pas fuffifamment pour un feul rang :
à plus forte raifon ne peut-on pas fe flatter d'être
en état de garnir de trois rangs de paliffades, tous
les retranchemens qu'on aura à faire élever.

 L'on voit donc par ce qui précéde, qu'on n'a
point encore atteint, dans ce genre, le but qu'on
doit fe propofer, qui eft de fe donner des flancs
qui puiffent défendre le pied de la paliffade. On
peut cependant fe procurer affez facilement ce
moyen de défenfe fi effentiel, & fe le procurer
d'une manière plus ou moins avantageufe, fuivant le tems qu'on y mettra & la dépenfe qu'on
y voudra faire, mais toujours très-utilement,
quelque peu de fecours qu'on ait en ce genre.
Nous allons donc indiquer divers moyens, en
commençant par les plus fimples, & montant
par degré à un tel point de force, qu'on aura
peut-être lieu d'en être étonné.

 Ces mêmes redoutes exécutées devant le front
du Camp à Maeftricht en 1748, au nombre de

S 2

vingt-trois, nous serviront d'objet de comparaison. Nous nous tiendrons d'abord dans les mêmes
dimensions & nous nous assujettirons aux mêmes
profils, afin de partir d'après un exemple aussi
authentique, de ce qui s'est fait, & d'être en état
de mieux juger de ce qui pouvoit se faire.

Planche II. L'on a représenté, Planche II, *fig.* première, le
Plan *A* de la moitié d'une de ces redoutes dont
le profil sur la ligne *e f* se voit, *fig.* 2. L'on a
représenté de même l'autre moitié *B* de la même
redoute, *fig.* 3, avec les changemens proposés,
dont le profil sur la ligne *E F* est exprimé, *fig.* 4.
L'on voit par la comparaison des deux profils,
fig. 2 & 4, qu'ils sont les mêmes ; on a seulement
supprimé dans le second, les trois pieds de berme,
pour donner un fossé de trois pieds en dedans des
palissades & donner douze pieds au fond du fossé
qui a semblé d'une bien meilleure proportion.
On a placé une palissade au fond du fossé, à laquelle on a donné une forme angulaire, telle
qu'elle est exprimée sur le Plan, *fig.* 3 & *fig.* 5,
cette dernière étant sur l'échelle des profils. Rien
de plus facile que de ranger des palissades de
cette manière & de pratiquer, avec des chevalets,

une poterne fous le parapet, pour y communiquer.
Si l'on n'avoit que des paliffades, on n'employe-
roit que des paliffades pour former cette pièce
avancée, qui feroit recouverte par des bois en
travers, chargés de quelques pieds de terre &,
dans ce premier état, que rien ne peut empêcher
d'exécuter, le paffage du foffé de cette redoute
deviendroit très-meurtrier ; mais pour peu qu'on
pût fe procurer du bois plus long & plus fort,
foit dans des forêts voifines, foit dans des maifons
des villages les plus près, on exécuteroit à double
étage, cette pièce & les flancs deftinés à la défendre, tels qu'on les voit exprimés au Plan, *fig.* 6
& 7, & en coupe & élévation, *fig.* 8, 9 & 10.
On trouve dans tous les villages des folives, des
poutres, des planches, des madriers ; rien ne
feroit plus aifé & plus prompt que l'exécution
de ces pièces. Alors ce foffé défendu par un
double feu couvert, moyennant cette caponnière cafematée, ne feroit plus fufceptible d'être
emportée de vive force. Le foffé intérieur également défendu par les doubles feux du flanc
cafematé, & l'ennemi pouvant y être chargé en
flanc, il ne feroit du tout point praticable d'en-

treprendre de franchir la paliffade , fans avoir détruit la pièce cafematée *R* , qui n'étant point vue de la campagne , ne peut être battue que par du canon placé fur la crête du glacis. Le placer tout à découvert n'eft pas praticable, fous le feu de la redoute & de la caponnière cafematée : le placer derrière des épaulemens , ce feroit une tranchée à ouvrir ; de manière qu'un auffi petit changement eft vifiblement capable de faire , d'une fimple redoute , un ouvrage dans lequel un pofte ne peut être enlevé de vive force. Un bataillon , dans une pareille redoute , arrête-roit une colonne d'armée. On n'y a pas exprimé les paliffades en fraife : elles font fous entendues, pour tout les cas on en aura une quantité fuffifante. Elles feroient ici d'autant plus avantageu-fes , qu'elles fe trouvent défendues à bout touchant. L'entreprife de les couper feroit impoffible.

La *fig.* 2 , qui eft une coupe fur la ligne *a b* , de la *fig.* 7 , fait voir que les flancs , ainfi que la caponnière cafematée , peuvent être conftruits avec une première batterie couverte & la feconde découverte, tandis que les *figures* 8 , 9 & 10 , les expriment toutes les deux couvertes.

Mais ce n'eſt point aſſez ; il faut en faire un
véritable fort & très-fort , dans lequel deux cens
hommes pourront ſoutenir un ſiége auſſi long
que deux mille hommes le ſoutiendroient dans
un exagône à baſtions bien revêtu , telles que
le ſont nos places de guerre. Voyez Planche 111 ,
fig. 1ᵉʳᵉ, 2ᵉ du Plan & 3ᵉᵐᵉ des profils. Le Plan *fig.* 2,
eſt ſur une échelle double qui eſt celle des profils.
Les côtés de la redoute feront de la même étendue : ſes profils auront la même hauteur : tout ſera
de même dans l'une & dans l'autre , à l'exception
des caponnières caſematées , & de leurs flancs qui
feront en maçonnerie , ainſi que le mur ſubſtitué
aux paliſſades. De ce moment il faudra ſonger à
ouvrir des tranchées & à former un ſiége en règle.
Ce n'eſt pas tout ; nous placerons une tour angulaire au milieu de cette redoute : une de ces tours
déjà reconnues ſi difficiles à détruire, & ſi avantageuſes pour la garniſon qui les défend. Cette tour
pourra être à pluſieurs batteries couvertes, ainſi
que nous en donnerons pluſieurs différens exemples. Comment forcer ce poſte , qui n'eſt qu'un
fortin ? La plongée de cette tour ſur toutes les
approches : la tranquillité de la garniſon ſous

Planche III.

toutes ces voûtes : la juſteſſe des coups qu'ils tireront, & la ſûreté de ceux qui feront à leur poſte : il n'y a pas une ſeule place de guerre qui ait le quart de ces avantages. Le ſoldat bordant ſon parapet ſur nos remparts, n'eſt pas plus cou- vert que celui qui borde la tranchée ; ceux qui défendent ſont de pair avec ceux qui attaquent, & ces derniers ſont trente contre un. Ici c'eſt le contraire. Le petit nombre étant à couvert, n'a aucune ſupériorité à craindre : il voit & ne peut être vu : avantage qui ne ſauroit ſe calculer. C'eſt cependant dans une étendue de dix-ſept toiſes de côté de parapet que l'on trouve de pareilles reſſources ; mais l'on ſent bien qu'on ne s'eſt borné à cette étendue, que pour rendre la com- paraiſon plus ſenſible ; pour ſe tenir exactement dans les bornes de la redoute du camp de Maeſ- tricht, élevée en trois fois vingt-quatre heures ; car il eſt viſible que le même ſyſtême de défenſe pourroit embraſſer une étendue plus de dix fois plus grande. Une caponnière caſematée, placée de même, peut défendre un côté de trois cens toiſes ; mais alors comme ce ſeroit une grande place de guerre, le foſſé ſeroit néceſſairement

de

de dix-huit à vingt toifes de largeur, comme celui des grandes places; le rempart feroit de trente-fix à quarante pieds d'élévation, & alors la caponnière cafematée deviendroit, dans des dimenfions proportionnelles, une pièce la plus redoutable qui ait jamais exifté : une pièce telle qu'elle eft exprimée aux Planches XII & XIII de la premiere Partie, & telle qu'elle fe trouve aux Planches XIV, XV & XVI de ce volume. Nous aurons bientôt occafion d'en développer encore d'autres dans différentes proportions, lors des defcriptions des Forts que nous nous propofons de faire.

Mais pour nous en tenir, quant à préfent, à l'exemple dont il eft queftion, on ne peut difconvenir que même dans ces très-petites dimenfions, des forts femblables placés, ou fur nos côtes, ou en avant d'une place de guerre, ne fuffent de la plus grande utilité ; qu'ils rempliroient un objet impoffible à remplir jufqu'à préfent, puifqu'avec peu de dépenfe & un petit nombre d'hommes, on offriroit à l'ennemi un obftacle qu'il auroit peut-être bien de la peine à furmonter. Nous ferons dans le cas d'en faire plus d'une application.

Mais avant de paſſer à la deſcription des forts conſtruits avec d'autres dimenſions, nous offrirons encore la même redoute, pour donner un exemple des reſſources infinies qu'on pourroit s'y procurer pour ſa défenſe, dans des endroits abondants en bois, provenants des forêts ou des bourgs voiſins. On voit Planche IV, *fig.* 1ᵉʳᵉ, le Plan de cette redoute ſur l'échelle des profils, où l'on a exprimé un aſſemblage de charpente, la diviſant en quatre parties égales, dont la conſtruction eſt la plus facile à exécuter, la plus prompte & la plus ſolide. On ſuppoſe des poutres, ou des pièces de bois de neuf à dix pouces d'équarriſſage, inclinées, faiſant avec l'horiſon un angle de ſoixante dégrés dans des ſens oppoſés d'un côté à l'autre ; de manière qu'étant éloignées de leur baſe de vingt-ſix pieds, elles ne le ſeront plus que de neuf à leur extrêmité ſupérieure, laquelle ne ſe trouve élevée que de dix-huit pieds au-deſſus du niveau du terrein. Il eſt néceſſaire pour l'intelligence de cette conſtruction, de ſuivre avec attention d'abord la *fig.* 1ᵉʳᵉ, qui eſt un plan à vue d'oiſeau, repréſentant, à vue d'oiſeau auſſi, la moitié de ces conſtructions de char-

Planche iv.

pente, & l'autre moitié, au niveau du premier
plancher ; enfuite la *fig.* 2 , qui eſt un Plan coupé
au niveau du foſſé fec, pour la partie de la caponnière caſematée , des flancs & des communications, mais au niveau du terrein dans le reſte du
Plan , & paſſer enfuite aux *figures* 3 , 4 , 5 , 6 , 7
& 8 , contenues fur la Planche IV ; mais l'on
fuivra fur-tout la *fig.* 3 , qui eſt une coupe fur la
ligne *a b* , prenant d'abord par le côté de la
redoute ; enfuite depuis fon centre , la traverſant
par fon milieu , & coupant la caponnière caſematée en deux parties égales. Cette coupe , ainſi
que le Plan *fig.* 2 , font connoître les communications au-deſſous du niveau du terrein qui con-
duiſent à chaque caponnière caſematée , ainſi
qu'à leurs flancs , & tiennent à couvert toutes
les parties de la défenſe. Le Plan de la caponnière au niveau du terrein du fond du foſſé , eſt
marqué *A* ; fon plan au niveau du premier étage ,
eſt marqué *B* ; & fon Plan à vue d'oiſeau , eſt
marqué *C.* La *fig.* 8 en exprime la coupe fur la
ligne *l m.* On fent bien que des bois ainſi inclinés ,
oppoſeront la plus grande réfiſtance aux boulets
de canons & aux bombes , dont les coups obli-

ques feront de peu d'effet. D'un autre côté, tous les foldats étant également propres à des affemblages de bois de cette efpèce, cet ouvrage fera exécuté avec la plus grande célérité. Il ne faut que des bras, & l'on fait que ce n'eft pas ce qui manque dans les armées; mais cette conftruction fera d'autant meilleure, que les parapets de la redoute feront élevés & la couvriront davantage. Dans ce deffein, ils ont été bornés à neuf pieds trois pouces au-deffus de la ligne du niveau du terrein, pour ne rien changer à la redoute prife pour exemple. Avec quinze à feize pieds d'élévation, tout feroit couvert, & l'attaque de cette redoute en deviendroit d'autant plus difficile; mais on ne s'arrêtera pas davantage à cette manière, qu'on a voulu feulement indiquer, pour donner cette étendue aux idées, & faire connoître ce moyen, qui peut être applicable dans plufieurs cas.

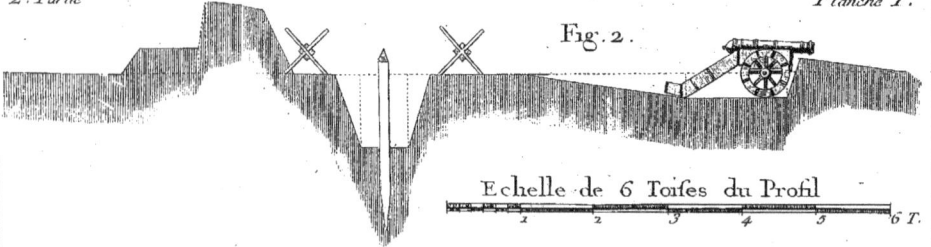

Fig. 2.

Echelle de 6 Toises du Profil

1   2   3   4   5   6 T.

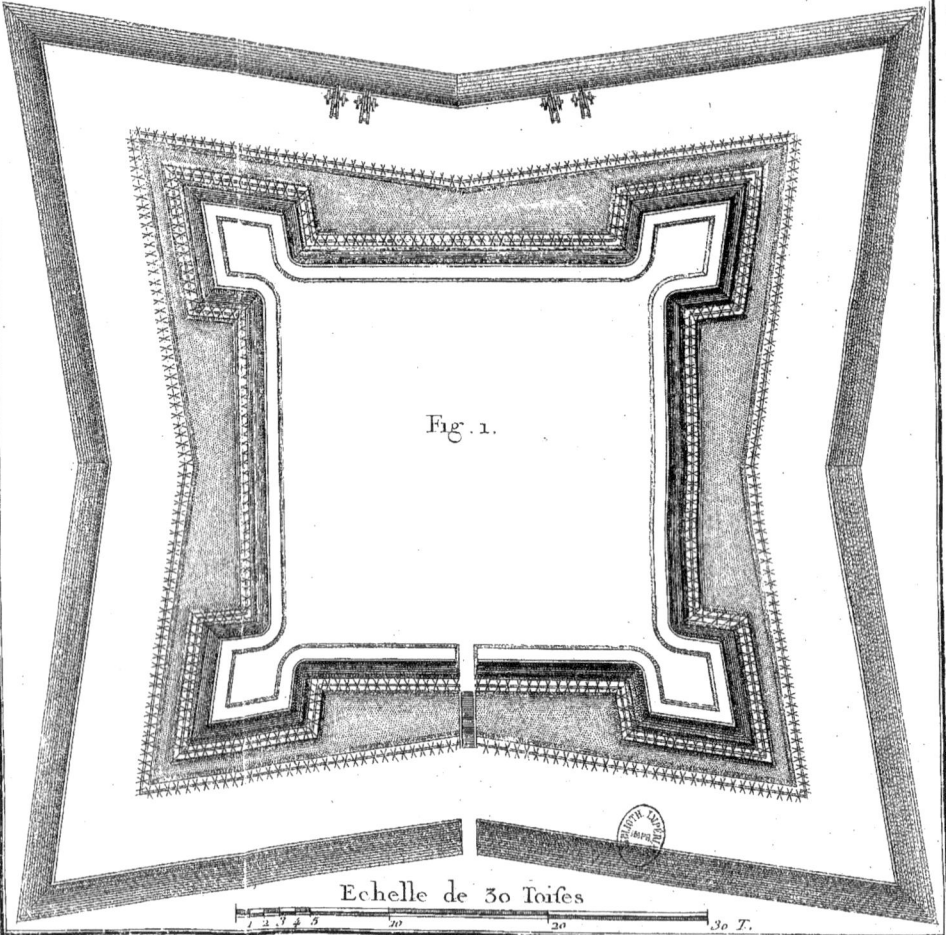

Fig. 1.

Echelle de 30 Toises

1 2 3 4 5   10   20   30 T.

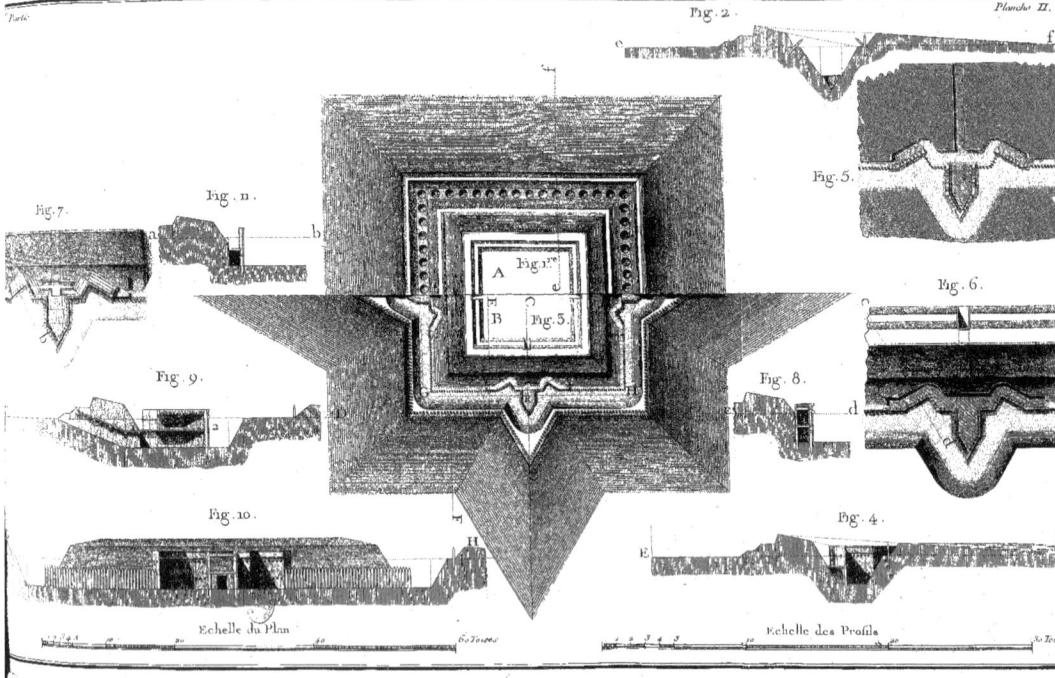

Fig. 7.

Fig. 11.

Fig. 5.

Fig. 6.

Fig. 9.

Fig. 8.

Fig. 1er.

A
E
B   Fig. 3.
C

Fig. 10.

Fig. 4.

Echelle du Plan

Echelle des Profils

A.............

Fig.1.

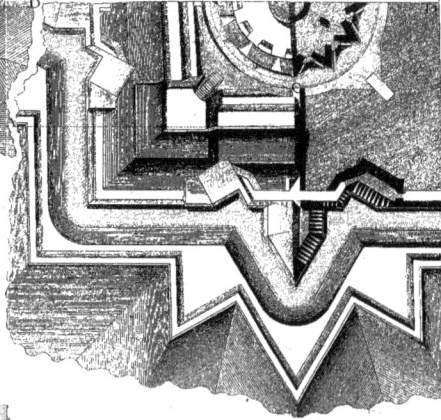

Fig.2.

Fig.3.

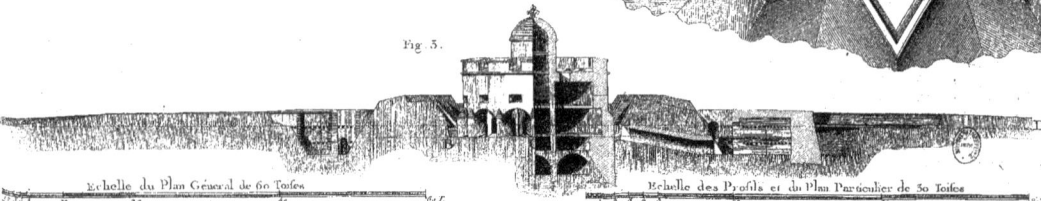

Echelle du Plan Général de 60 Toises

Echelle des Profils et du Plan Particulier de 30 Toises

Fig. 5.

c .... d

Fig. 4.

e .... f

Fig. 3.

a

b

Fig. 6.

g .... h

Fig. 7.

i .... k

Fig. 8.

l

m

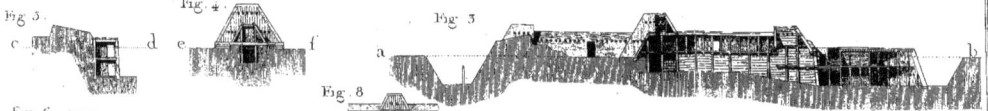

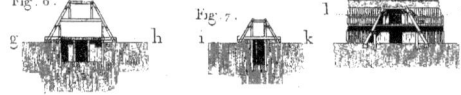

Fig. 2.

i .... k

m

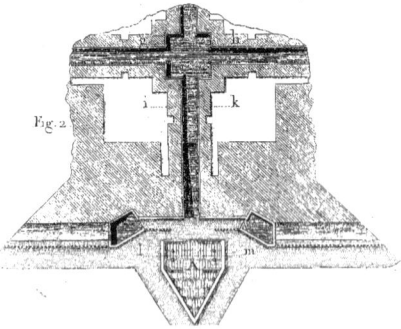

Fig. 1.

e ..... f

C

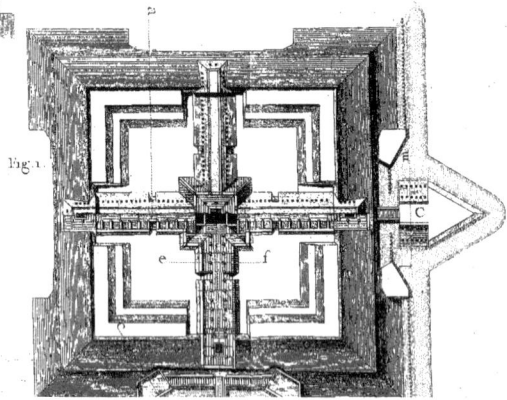

CHAPITRE TROISIEME.

Des Redoutes ou petits Forts quarrés à cavalier casematé.

FORT DE CONTI (1).

APRÈS avoir traité de ces trois manières de disposer la même redoute, nous en donnerons une quatrième, Planche V, dans laquelle un cavalier casematé est placé au milieu de chaque côté, afin de pratiquer des souterrains de la plus grande utilité dans de petits forts semblables, & servir d'une excellente traverse, sur laquelle on pourra placer une douzaine de fusiliers pour la défense des angles saillans. Cette redoute n'a que quinze toises & demie de côté, pris à la crête du parapet; celles de Maëstricht en ont dix-sept. Le fossé a un peu plus de largeur, mais il n'a que dix pieds de profondeur, au lieu de douze.

Planche V.

_____

(1) Pour plus de clarté, ayant un assez grand nombre de forts à détailler, nous avons cru devoir les désigner chacun par des noms particuliers; & nous avons préféré ceux de nos Princes, du Roi & de la Famille Royale, comme étant les plus dignes que nous pussions employer.

La coupe verticale de ce dernier foſſé eſt de ſix toiſes, deux pieds quarrés; celle du premier eſt de cinq toiſes quatre pieds : d'où l'on voit que les proportions ſont encore ici à-peu-près les mêmes ; mais nous avons voulu donner un autre exemple, en changeant la forme & les proportions de la caponnière caſematée, & en ſe réduiſant toujours dans les plus petits eſpaces poſſibles. Nous avons voulu pouvoir établir deux petites pièces à la Suédoiſe, pour défendre le mur du foſſé ; elles ne pouvoient être placées ſous la voûte de la caponnière ſans augmenter beaucoup ſa largeur. Nous l'avons donc porté en avant, en la faiſant au contraire plus étroite, & nous avons replié le mur de droite & de gauche, de manière à embraſſer l'eſpace néceſſaire pour le ſervice de ces deux pièces. La poterne paſſant ſous le cavalier, a été pratiquée en dehors du ſouterrain, non-ſeulement pour communiquer à couvert à la caponnière, mais pour très-bien défendre le foſſé de l'intérieur du mur. On comparera cette conſtruction avec les précédentes, & l'on ſe décidera pour celle qu'on jugera la plus avantageuſe. Nous avons varié à deſſein : des idées différentes en font encore naître d'autres, & l'inſtruction ne peut manquer d'y gagner.

La *fig.* première eſt le plan à vue d'oiſeau de toute la redoute avec ſes quatre cavaliers ; ce plan eſt fait ſur l'échelle des profils pour en rendre les parties plus ſenſibles. La *fig.* 2 eſt le Plan des ſouterrains d'un des cavaliers : les trois autres ſont ſemblables. La *fig.* 3 eſt une coupe ſur la ligne *E Z*, coupant la caponnière, la poterne & l'eſcalier exprimé d'abord ſur le plan du ſouterrain qui monte de ce ſouterrain au haut du cavalier, & qui paroît coupé dans cette figure. Le petit corps-de-garde du milieu de la redoute, le cavalier du côté oppoſé vu en élévation, enfin la poterne qui deſcend dans l'autre cavalier, &c. La *fig.* 4 eſt une coupe de toute la redoute ſur la ligne 1 & 2, traverſant d'abord le foſſé, coupant le mur, le parapet de la redoute, la porte de ſortie, les deux ſouterrains & la poterne du cavalier, & l'autre côté de même. La *fig.* 5 eſt une coupe ſur la ligne 3 & 4, faiſant voir le pont de ſortie, les pièces de canon en batterie & l'élévation de la caponnière en face. La *fig.* 6 coupe la voûte, le pont & la porte d'entrée.

La *fig*. 7 coupe la poterne, le pont d'entrée, & fait voir l'élévation du parapet de la redoute & du cavalier. Enfin la *fig*. 8 coupe l'efpèce de chemin couvert & glacis dont on voit une partie exprimée, *fig*. première, & interrompue pour ne pas donner trop d'étendue au deffin.

La *fig*. 9 eft un Plan à vue d'oifeau du quart de cette même redoute, avec un cavalier féparé du parapet par des foffés, afin de l'ifoler & de le rendre d'un accès d'autant plus difficile, que ces foffés font très-bien défendus par des crénaux qui les découvrent en entier, ainfi qu'on verra bientôt. Toutes les pièces renfermées dans le petit cadre de cette Planche font relatives au Plan n° 1, *fig*. 9, & deftinées à montrer, dans un plus grand détail, la difpofition intérieure du cavalier qui réunit, on peut le dire, de grands avantages dans le plus petit efpace poffible. La *fig*. 10 eft un Plan n° 2, coupé au-deffus de la voûte du fouterrain, laquelle voûte a auffi fon Plan n° 3, *fig*. 11. On voit au Plan n° 2, l'entrée des deux petits fouterrains où font placés les crénaux qui défendent les foffés du cavalier, dont l'un fert de premier paillier à l'efcalier qui monte au haut

du

du cavalier. La *fig.* 12 eſt une coupe ſur la ligne 1 & 2 des *fig.* 9 & 10 qui montre la capacité du ſouterrain, la coupe de l'eſcalier exprimé en Plan *fig.* 10, l'ouverture de la porte d'entrée & la poterne, qui n'eſt fermée que par deux cloiſons de planches qui traverſent le ſouterrain & le diviſe en deux parties dans leſquelles on communique par la poterne. La *fig.* 13 eſt une coupe ſur la ligne 3 & 4 qui paſſe au milieu du même cavalier & des foſſés qui le ſéparent du parapet de la redoute. La *fig.* 14 eſt une coupe ſur la ligne *EZ* dans la longueur de la poterne ; & enfin la *fig.* 15, coupant ce cavalier ſur la ligne 5 & 6, fait voir le ſouterrain où ſont les crénaux défendant les foſſés du cavalier, & ces mêmes foſſés dans leur longueur. Il n'eſt pas poſſible d'entrer dans plus de détails ſur toutes les parties de cette redoute ; & ſi l'on veut ſuivre ces deſſins, qui ſont tous fort exaĉts, on en aura une intelligence entière.

La diſpoſition de cette redoute diffère des précédentes par les cavaliers caſematés placés au milieu de chacun de ces côtés ; ils ſe trouvent ici dans de très-petites dimenſions ; on s'eſt atta-

Tome II.

ché, dans ce peu d'efpace, à leur faire remplir plufieurs objets utiles, mais ils en rempliront bien d'autres, & de plus grande importance, lorfqu'ils fe trouveront placés avec une étendue convenable fur des fronts plus étendus eux-mêmes, & nous ne manquerons pas d'occafions de faire connoître, & le mérite de ces fortes de cavaliers, & les reffources qu'ils peuvent fournir. Le fort que nous allons détailler nous fervira de premier exemple.

FORT DE CONDÉ.

Planch. VI & VII.   Ce fort, Planche VI, avoit été deftiné dans fon origine à l'établiffement d'une petite troupe fur une côte éloignée dont on vouloit s'affurer promptement la poffeffion; il devoit être en terre & en bois pour tenir lieu de maçonnerie : on avoit fuppofé qu'on tranfporteroit par mer les bois tout préparés de manière qu'il n'y eût plus qu'à les affembler, & qu'on tranfporteroit également la quantité de monde néceffaire pour fournir quatre cens travailleurs par jour, pour le remuement des terres.

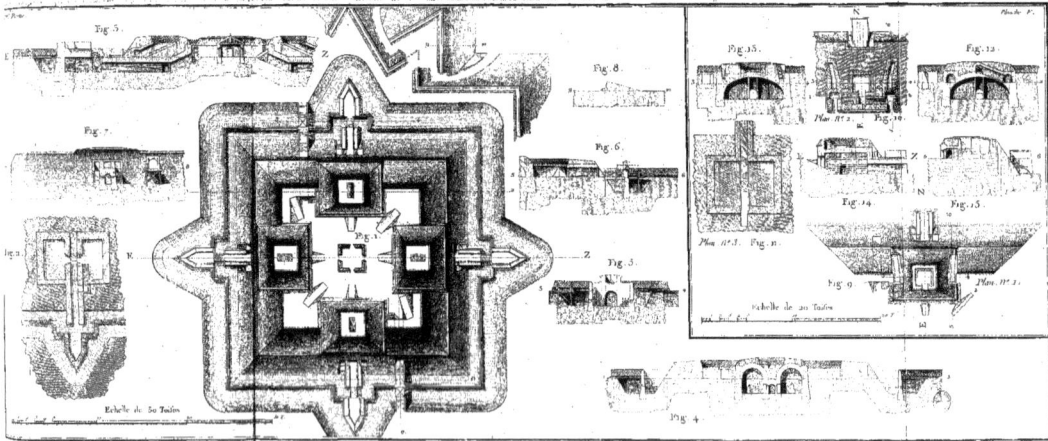

Fig. 2.

Fig. 5.

Fig. 7.

Fig. 1.

Fig. 8.

Fig. 6.

Fig. 3.

Fig. 4.

Echelle de 50 Toises

Planche V.

Fig. 13.

Fig. 12.

Plan N.º 2. Fig. 10.

Fig. 14.

Fig. 15.

Plan N.º 1. Fig. 11.

Fig. 9.

Plan N.º 3.

Echelle de 20 Toises

On voit, Planche VI, le plan de ce fort : il a cinquante-trois toifes de côté mefuré à la crête du parapet, ainfi que le côté de la redoute du fiége de Maeftricht, a été déterminé à dix-fept toifes & demie pris à la crête de fon parapet. C'eft ici la même échelle que celle de cette redoute qu'on voit Planche 11, *fig.* 1 & 3. Ce fort, d'une conftruction tout-à-fait neuve, imaginée alors pour l'objet important qu'il avoit à remplir, eft principalement compofé de quatre cavaliers cafematés qui le dominent de fix pieds, & qui font totalement féparés par les quatre côtés de fes remparts, de manière que ce font quatre forts indépendans qui ont chacun leur défenfe particulière ; des caponnières cafematées avec leurs flancs conftruits en bois, telles qu'on en voit un Plan au niveau du terrain n° 1, & à vue d'oifeau n° 2, en défendent les foffés extérieurs : des cafernes cafematées marquées *a a a a*, placées dans les angles rentrans de l'intérieur du fort, défendent les foffés féparant les cavaliers, & de même les fouterrains de ces cavaliers, ainfi que leurs parapets défendent les autres foffés ; de manière que toutes les pièces de ce fort font

V 2

également ifolées & également défendues. Il faut
en examiner le Plan avec quelqu'attention ; & en
fuivre les profils de même, pour juger de toute
la réfiftance dont un pareil fort eft capable, en
obfervant qu'il feroit fufceptible de recevoir au
milieu une tour angulaire qui domineroit tout
& ferviroit de fouterrain général. La Planche VII
exprime tous les profils. La *fig.* première, fur la
ligne *EZ*, fait voir une coupe de la caponnière
fur fa longueur, ainfi que les communications
baffes & hautes du cavalier, & la *fig.* 2, fur la
ligne 1 & 2, en fait voir les fouterrains avec la
hauteur du parapet du fort repréfenté en élévation, ayant au bas de fon talus les paliffades
du fond du foffé du retranchement, qui font
de même repréfentées en élévation dans cette
figure. La *fig.* 3, fur la ligne 3 & 4, fait voir
l'élévation & la coupe de la caponnière cafematée fuivant fa largeur. La *fig.* 4, fur la ligne
5 & 6, fait voir la coupe d'un des flancs cafematés, dont le plafond eft chargé de deux pieds
de terre, ainfi que doit l'être celui de la caponnière. La *fig.* 5, fur la ligne 11 & 12, fait voir
par une coupe & par une perfpective, l'intérieur

& l'élévation des casernes casematées marqué *a*, ainsi que la partie du pont couvert qui conduit au cavalier. La *fig.* 6, sur la ligne 9 & 10, fait voir l'élévation du petit réduit *b*, celle du cavalier & de la casemate défendant le petit fossé. Enfin l'on trouvera, *fig.* 7, un profil général sur la ligne 13 & 14, qui n'est qu'un simple trait, pour déterminer seulement les hauteurs des parapets & dimensions des fossés.

Pour connoître la disposition de la caponnière casematée & de ses flancs, en les supposant construits en maçonnerie, il faut en voir les Plans Planche VI, n°s 3 & 4, & les profils Planche VII, *fig.* 8, 9 & 10, qu'on rapportera sur le Plan suivant les lignes *AB*, *CD*, *FG*.

La qualité principale qu'un fort, construit dans de pareilles vues, doit avoir, est que l'ennemi ne puisse s'en emparer sans être obligé d'ouvrir une tranchée & d'établir des batteries sur le bord du fossé. Jusqu'à présent tous les forts établis par les différentes nations sur différentes côtes, ont été bâtis en maçonnerie, avec beaucoup de dépense & beaucoup de tems, sans être capables d'aucune résistance.

1°. Ils font prefque tous fans foffés, de façon qu'un vaiffeau ennemi arrivant à la côte, n'a qu'à débarquer quelques pièces de canon, qu'il établit à la diftance qu'il lui plaît, il bat en brêche ; & comme l'on eft certain que le mur fera ouvert avant peu, la petite garnifon capitule après les premières volées de canon.

2°. Parce qu'il n'y a communément aucuns fouterrains, & que fouvent quelques bombes jettées dans le petit fort, y mettent l'épouvante & fuffifent pour déterminer à battre la chamade.

Le fort dont il eft queftion, eft, comme on l'a vu, dans un cas entièrement différent. La garnifon y fera parfaitement à couvert, & l'ennemi ne pourra le battre avec fuccès que lorfqu'il aura établi des batteries fur le bord du foffé ; il fera de plus bien moins coûteux, & beaucoup plutôt fait : il aura enfin l'avantage de pouvoir offrir des reffources à une petite garnifon, pour difputer le terrain, fans s'expofer & s'affoiblir par des pertes, & de réduire l'ennemi à prendre en détail toutes les pièces dont il eft compofé ; c'eft ce qui doit paroître évident

par l'infpection du plan & les détails dans lefquels on va entrer.

L'on voit par la conftruction de ce fort qu'on
tenteroit envain de s'emparer, l'épée à la main,
de fes quatre angles faillans; le foffé fût-il même
fans paliffades, cela feroit impoffible. Quand le
feu à bout touchant des caponnières cafematées
n'auroit point empêché le paffage du foffé, où
aller au-delà ? il faudroit emporter le fecond
retranchement fous le feu meurtrier des fouterrains qui en défendent le fond du foffé (1), & fous
le feu des deux cavaliers cafematés collatéraux
qui plongent & voient le tout en-dedans comme
en-dehors : enfin fous le feu du petit réduit de
la gorge de l'ouvrage marqué *b* au Plan, Planche VI, qui peut feul forcer l'ennemi à amener
du canon fur le fecond parapet pour détruire ce
réduit, fans lequel il ne peut fonger à l'attaque
des cavaliers ; & par où l'amener ce canon ? Dans
la fuppofition d'une attaque de vive force, il n'y
auroit point de brêche ni de communication;
on feroit donc arrêté tout court par ce réduit;
il faudroit paffer, fous fon feu, les foffés qui
féparent cette pièce & des cavaliers & de l'inté-

(1) Voyez les
Profils. *Fig.* 2 & 6,
Pl. VII.

rieur de la place ; celui des casernes casematées des angles rentrans seroit ajusté & impossible à soutenir ; mais fût-on même parvenu dans le milieu du fort, où se mettre à l'abri des feux des quatre cavaliers ? l'ennemi seroit donc forcé de se retirer au plus vîte, puisqu'on ne peut rester sous un feu semblable.

Mais à quoi il faut faire la plus grande attention, c'est que tous les obstacles qu'on vient de détailler, pour le cas d'une attaque de vive force, subsisteront également pour une attaque en régle, puisqu'après avoir établi des batteries sur le bord du fossé pour rompre les palissades : après qu'on aura détruit les caponnières casematées qui défendent le grand fossé, il faudra faire un logement sur la crête du premier parapet & y établir du canon pour ruiner les casemates qui défendent le second fossé ; ces obstacles vaincus, l'on se rendra maître du second retranchement : il faudra de même y établir trois batteries, l'une pour détruire le réduit & la casemate de l'angle rentrant, & les deux autres pour ouvrir & faire des rampes praticables pour pouvoir emporter les deux cavaliers, les rampes étant en état la garnison,

nifon, fans fe hafarder à y foutenir un affaut,
fe retirera dans les deux autres cavaliers ; l'ennemi fera forcé de faire de nouvelles difpofitions pour ouvrir également ces deux dernières
citadelles , & la garnifon aura encore le tems de
traiter de fa capitulation avant que fa dernière
retraite foit ouverte.

Après ce détail, qui ne renferme rien qu'on
puiffe contredire, l'on demande quel eft le fort,
felon les méthodes connues , qui fera fufceptible
d'une pareille défenfe. La plupart des places de
guerre n'ont pas le quart de ces reffources. Les
quatre cavaliers cafematés font des réduits féparés qu'il faut prendre l'un après l'autre, qui
fervent à mettre la garnifon, fes munitions &
fes vivres à couvert. Quel tems ne faudra-t-il
pas à l'ennemi pour l'établiffement de fes différentes batteries, abfolument néceffaires, & quelle
facilité l'affiégé n'a-t-il pas pour ménager fon
monde & en faire perdre à l'affiégeant? Toujours
couvert par-tout, il tire à coups fûrs, & oblige
l'ennemi à marcher avec la plus grande précau-
tion, c'eft-à-dire, à renforcer fes logemens &
donner beaucoup d'épaiffeur à fes fappes ; ce

Tome II.   X

qui devient alors un véritable fiége, de l'efpèce de ceux où l'on a trois ou quatre logemens ou batteries fucceffivement à faire fur différens ouvrages ; car il eft évident que l'ennemi, maître du grand foffé, & même du premier parapet, ne tient encore rien : il faut néceffairement qu'il y faffe un logement dans toutes les régles.

Enfin un fort femblable, fufceptible d'une très-vigoureufe défenfe, avec une petite garni-fon, peut avoir fon enceinte extérieure élevée en vingt-fix jours avec feulement quatre cens tra-vailleurs, & feulement cinquante ou foixante ouvriers en bois à employer, tant pour monter les charpentes des caponnières & des flancs, qu'on fuppofe préparées d'avance, que pour conftruire les fouterrains avec des arbres bruts tirés des forêts voifines.

Ceux qui voudront comparer la dépenfe confi-dérable que nous faifons dans nos différentes Colo-nies, pour des petits forts qui ne font prefque d'au-cune défenfe, avec celle que cette méthode pour-roit occafionner, penferont, à ce que je crois, qu'il feroit fort à defirer qu'on adoptât ce genre de fortification, prefque tout en terre, qui eft

fufceptible d'une très-grande variété, & capable
de nous tranquillifer fur le fort de nos poffeffions.

On a calculé à la fuite du projet de ce fort,
ainfi qu'on va le voir, le tems & les travailleurs
néceffaires à fon exécution : on a calculé de même
& l'on a trouvé que les bois préparés à tranfpor-
ter, pour pouvoir élever tout de fuite les quatre
caponnières cafematées avec les huit flancs, n'i-
roient qu'à vingt-fix mille quatre cens pieds cubes,
lefquels faifant enfemble le poids de fept cens
quatre-vingt-douze tonneaux de mer, environ,
auroient pu être tranfportés par un feul vaiffeau ;
ce qui doit faire juger combien ce projet auroit
eu de facilité dans fon exécution, fi le miniftère
avoit perfifté dans l'intention d'en faire ufage.

*DÉTAILS fur le tems qu'il faudroit pour
conftruire une Redoute ou petit Fort de
foixante-trois toifes de côté, en fuppofant
quatre cens travailleurs tous les jours deftinés au remuement des terres.*

La longueur moyenne du foffé de chaque côté, _{Planches vi & vii.}
eft de foixante-fix toifes deux tiers, on fuppofera

foixante-fept toifes. Largeur moyenne dudit foffé réduite, vingt-fix pieds fur fept pieds & demi de profondeur, fait une coupe verticale de cinq toifes deux pieds fix pouces ; ce qui donne la quantité de terre à déblayer dans ce foffé de trois cens foixante-trois toifes.

La coupe verticale du parapet, avec fes banquettes, eft de trois cens neuf pieds quarrés, ou huit toifes trois pieds fept pouces quarrés ; la longueur des deux faces du parapet du fort, d'un côté & d'autre du cavalier, faifant enfemble trente-fept toifes, donne trois cens dix-huit toifes $0\frac{d}{7}^{\circ}$. cubes, qui eft la quantité néceffaire pour former le parapet ; il reftera donc quarante-cinq toifes cubes de terre fur celle produite par la fouille du foffé.

L'excavation, pour former l'angle faillant de la caponnière, ayant treize toifes de bafe fur cinq toifes & demie de hauteur prife moyennement, fait foixante-onze toifes trois pieds quarrés ; multipliés par une toife un quart, profondeur du foffé , donnent quatre-vingt-neuf toifes deux pieds trois pouces cubes.

La fouille des terres dans l'emplacement du

cavalier, y comprenant les foſſés dont il eſt entouré, eſt de vingt-deux toiſes & demie de longueur ſur dix-ſept toiſes de largeur, produit en ſurface, déduction faite des deux petites parties avancées des flancs du rempart, trois cens ſoixante - dix toiſes quarrées ſur ſept pieds & demi de profondeur, donne quatre cens ſoixante-deux toiſes trois pieds cubes de terre, leſquelles jointes aux quarante-cinq toiſes reſtantes ci-deſſus, font cinq cens ſept toiſes trois pieds cubes.

La fouille des terres du petit foſſé, entre le premier & le ſecond parapet, formant le retranchement intérieur, a vingt ſix toiſes de longueur ſur douze pieds de largeur réduite, & ſept pieds & demi de profondeur; ce qui donne ſoixante-cinq toiſes cubes pour l'excavation du réduit marqué *b*: l'on aura, pour ces trois objets, quatre-vingt toiſes cubes de terre, qui font, avec les cinq cens ſept toiſes trouvées ci-deſſus, la quantité de cinq cens quatre - vingt-ſept toiſes trois pieds cubes de fouille de terre à excaver & à employer.

Le remblai des terres néceſſaires pour former le cavalier, s'il faiſoit une maſſe pleine dans toute sa hauteur depuis la crête de son parapet, seroit de six cens quatre-vingt-dix toises cubes; mais il faut en déduire les vuides occasionnés par les souterrains, fixés à treize toises de longueur, le vuide de l'excavation pour former la platte-forme supérieure entourée du parapet, & enfin en déduisant toutes les autres parties indiquées par les plans & profils, on aura un total de quatre cens cinq toises à ôter de six cens quatre-vingt-dix toises du cube total; il restera deux cens quatre-vingt-trois toises deux pieds de terre en remblai nécessaire pour former le cavalier.

La coupe verticale du parapet du retranchement intérieur est de deux cens quatre pieds quarrés, ou cinq toises quatre pieds; les deux faces de ce parapet ont vingt toises de longueur moyenne, ce qui donne cent treize toises deux pieds de terre en remblai pour cette partie.

Récapitulant les fouilles & les remblais des terres contenues dans les différens articles ci-dessus, on trouve donc neuf cens quatre-vingt-quinze toises de l'une & sept cens quatorze de l'autre. D'où il suit que la fouille des terres surpasse la quantité nécessaire aux remblais, de deux cens quatre-vingt-une toifes cubes , qui feront employées à former les glacis qui n'en peuvent employer , fuivant les proportions exprimées par les profils , qu'environ deux cens toifes cubes.

Apperçu de la dépenfe & du tems.

Ayant calculé une diftance moyenne , pour le tranfport des terres d'un côté de ce fort , on a trouvé quarante toifes : par conféquent il faudra quatre relais ou quatre hommes qui tranfporte-ront fept toifes cubes par jour à cette diftance , fuivant l'ufage ; mais pour piocher cette quan-tité , il faut dix hommes , qui devroient donner jufqu'à fept toifes & demie cubes par jour , au lieu de fept qu'on les eftime. Deux hommes étant cenfés devoir en faire une toife & demie par jour. Il faut pour régaler ces fept toifes , une journée d'homme : pour les battre à la batte à main , une journée : pour les applanir & dreffer , fuivant les pentes des profils , deux journées , ou deux hom-mes ; ce qui fera encore quatre hommes pour les mêmes fept toifes cubes ; ainfi les dix-huit tra-vailleurs fouilleront , tranfporteront & façonneront sept toises cubes chaque journée de travail; la journée à 28 sols au prix de Paris, les sept toises coûteront 25 liv. 4 sols, ce qui fait 3 liv. 12 s. la toise.

Ainsi les neuf cens quatre-vingt-quinze toises cubes ci-dessus coûteront 3582 liv. & elles emploieront deux mille cinq cens trente-huit journées, sur le pied de dix-huit journées pour sept toises cubes; par conséquent les quatre côtés de ce fort coûteroient à Paris 14328 liv. (1) & emploieroient dix mille cent cinquante-deux journées. Dans la supposition de quatre cens travailleurs, il ne faudroit donc que vingt-cinq jours trois huitième ou vingt-six jours, pour qu'un pareil fort fût entièrement achevé.

État de la quantité de pieds cubes de bois, pour construire une Caponnière casematée & ses deux Flancs casematés.

Les bois dont il va être question seront tous supposés de neuf pouces d'épaisseur, à quoi sera

---

(1) *N. B.* A quoi il faudra ajouter le dixième pour l'Entrepreneur; ou si c'est par économie, le vingtième pour les brouettes, pelles & pioches.

ajouté

ajouté pour les lier , un bordage de trois pouces
d'épaiſſeur.

L'on évalue les faces & les différens côtés de
la caponnière à cent quatre-vingt pieds courants.
On donne quinze pieds de longueur ou de hauteur à tous ces bois , pour avoir ſix pieds & demi
de ſouterrain , un pied de plancher , deux pieds
de terre & cinq pieds & demi de parapet ſupérieur , ce qui doit donner deux mille ſept cens
pieds cubes de bois , ci . . . . . 2700 pieds cubes.

Le plancher de 1953 pieds . .
quarrés , ſur un pied , donne . .   1953
Les piliers & ſoles néceſſaires .   147

Total . . . . 4800 pieds cubes.

Un flanc de 21 pieds de longueur de face & 22 pieds pour ſes
deux côtés , a 43 pieds dans ſes
trois parties ; celle du derrière ſou-
tenant les terres , en bois du pays
employés bruts , ſur les mêmes 15
pieds de hauteur , fait 645 pieds
cubes ; le plancher de 231 pieds
quarrés fait 231 pieds cubes ; ce

Tome II.   Y

de l'autre part . . . . 4800^{pieds cubes}.

qui donne 876 pieds cubes de bois
néceffaires à un de fes flancs , &
pour les deux 1752 , ci 1752

On ajoutera pour les fillères ,
foles & autres pièces néceffaires
aux affemblages 48

Total . . . . 6600^{pieds cubes}.

Les quatre côtés de ce fort, conftruits de cette façon, employeroient vingt-fix mille quatre cens pieds cubes.

L'on fent qu'on peut réduire cette quantité en diminuant l'épaiffeur des bois , mais en y gagnant du côté de l'économie, on y perdroit beaucoup de celui de la défenfe.

On fuppofe qu'on employera pour les palif-fades & les fouterrains , des bois pris dans le pays & employés tout bruts ; fi l'on prévoyoit n'en pas trouver affez à portée de l'établiffement, il faudroit les tirer de quelque côte voifine , ou par le moyen de quelque rivière , ou enfin les envoyer avec ceux néceffaires aux caponnières. Il fera toujours facile de faire le calcul de la quantité qu'il en entreroit dans les fouterrains.

En fuppofant vingt-fix mille quatre cens pieds cubes de bois néceffaire, de foixante livres pefant chacun, (le bois fec, & fur-tout le fapin, pefe moins) cela feroit fept cens quatre-vingt-douze tonneaux de deux mille livres chacun ; ce que deux bâtimens marchands peuvent facilement charger. Ces bois n'étant que de quinze à dix-huit pieds de longueur, ils peuvent être embarqués fur toute forte de vaiffeaux.

FORT D'ORLÉANS.

Cette redoute ou petit fort eft de la même étendue que le précédent, à quelques toifes près. Il eft de cinquante-fept toifes de côté mefuré à la crête de fon parapet, mais il diffère dans plufieurs de fes dimenfions, & fur-tout dans la forme & l'étendue de fes caponnières cafematées; qui font ici formées à trois angles faillans ; on peut de même employer du bois par-tout à la place de la maçonnerie, & le Plan, ainfi que les profils, préfente les deux manières. La dernière eft fans contredit infiniment préférable, ne devant

Y 2

jamais avoir recours à la première, que dans les cas où le tems ne permet pas de faire autrement.

Pl. VIII, IX & X. La Planche VIII eſt un plan d'une partie de ce fort à vue d'oiſeau ſur l'échelle des profils, & la Planche IX, ſon Plan en fondation. On voit ſur l'un & ſur l'autre un côté en bois, un côté en maçonnerie; & ſur la Planche X, qui contient tous les profils, les deux manières y ſont exprimées de la façon la plus intelligible. Les coupes ſur le côté en maçonnerie, ſont déſignées par des lettres majuſcules, & ſur le côté ſuppoſé en bois, les mêmes coupes ſont déſignées par les mêmes lettres en caractères ordinaires; il ſuffira de les ſuivre avec quelqu'attention pour entendre parfaitement l'une & l'autre conſtruction.

Ce qui eſt remarquable dans cette dernière méthode, ce ſont les grands ſouterrains dans un auſſi petit eſpace; on y trouvera des communications couvertes & ſûres de tous les côtés: on y a exprimé auſſi ſous le grand parapet de l'angle ſaillant, une galerie de mine qui rendroit le logement de l'ennemi ſur ce parapet, très-dangereux. Comment s'établir dans un pareil emplacement, miné en-deſſous, & ſous les feux de flanc de deux

Echelle de 50 Toises

Fig. 5.   Fig. 6.   Fig. 5.

Fig. 1.

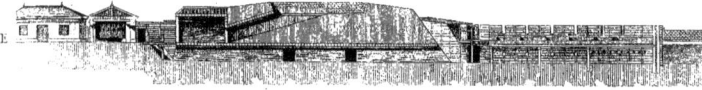 

Fig. 4.

Fig. 2.

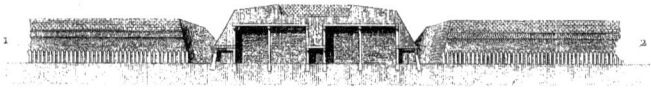

Fig. 9.   Fig. 8.   Fig. 10.

  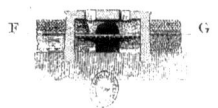

Fig. 7.

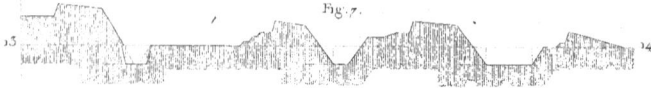

Echelle de 50 Toises.

cavaliers & de face du réduit ? Rien n'eſt plus fort, on peut le dire, que des angles ainſi retranchés ſous des feux pareils.

Mais tous ces obſtacles peuvent encore être augmentés par un couvre-face général, tout en terre, placé en avant du grand foſſé du fort précédent, ainſi que de celui-ci. On peut voir, Planche XI, qui exprime une partie du premier Planche X I. fort, de quelle manière ce rempart avancé eſt diſpoſé ; c'eſt un ouvrage que la garniſon peut faire à loiſir, qui ne peut occaſionner qu'une très-petite dépenſe, & qui augmenteroit de beaucoup la force : c'eſt un emplacement où les feux de canon peuvent ſe développer & retarder beaucoup les progrès de l'ennemi ; c'eſt un moyen de plus enfin qu'il ne peut être que très-avantageux de ſe procurer.

· L'exemple qu'on en donne ici eſt d'autant plus utile, que cette eſpèce de rempart avancé, que nous avons déjà nommé *couvreface général*, peut ſe conſtruire en avant de toute ſorte de redoutes, de forts ou places de guerre.

Nous avons repréſenté la moitié de ce demi-quarré avec ſon couvreface général, & l'autre

moitié , feulement avec des lunettes dans les
angles rentrans du chemin couvert , compofées
de manière à être d'une très-bonne défenfe ; mais
dans l'un & l'autre de ces fronts nous avons placés un couvreface particulier en avant de la
caponnière cafematée qui augmente beaucoup
fa force. Un fort pareil , avec fes caponnières
& fes flancs en maçonnerie , feroit capable d'une
très-grande réfiftance. Nous ne penfons pas qu'on
puiffe le contefter.

Les embrâfures n'y ont été qu'indiquées ; en y
en plaçant cette quantité , nous n'avons point entendu déterminer un nombre dont on pût faire
ufage à la fois , mais feulement donner un exemple des directions que chacune pourroit avoir.

Les méthodes que nous venons de développer,
à l'occafion des redoutes ou forts qui peuvent
être conftruits à la hâte , nous conduifent natu-
rellement à des applications plus en grand , &
à des conftructions plus folides , relatives à des
forts plus importans ; & l'on ne fera point étonné
d'en voir augmenter la force à mefure que les
pièces approcheront plus des grandes dimenfions des remparts en ufage.

On fait que les hauteurs des enceintes baf-
onnées, prifes de l'arafement de la fondation
la crête du parapet, font de trente-fix à trente-
pt pieds, dont trente pieds jufqu'au cordon,
fouvent ces hauteurs font de quarante & qua-
nte-deux pieds. Celles que nous avons établies
ans notre fyftême angulaire, première Partie
e cet Ouvrage, étant à trente-quatre pieds au-
effus de ce même arafement, nous allons pren-
re cette même hauteur pour les remparts du
ort quarré dont nous nous propofons de faire
ci la defcription ; mais comme nous avons borné
es côtés de ce fort à cent dix toifes, environ,
ris comme les précédens, à l'angle de la crête
u parapet, il fuit que la largeur des foffés doit
tre beaucoup moindre que dans la fortification,
fin de fe tenir dans les dimenfions moyennes,
'où il réfulte néceffairement une dépenfe moin-
re, qui eft toujours l'objet effentiel à confidérer.

❊✕❊

CHAPITRE QUATRIEME.

Des Forts quarrés à cavaliers & murs d'enceinte cafematés.

FORT DAUPHIN.

LE fort quarré dont on voit, Planche XII, le plan à vue d'oifeau & en fondation, que nous avons nommé *Fort Dauphin*, eft compofé dans des principes à-peu-près femblables à ceux des deux derniers petits forts, mais l'efpace étant plus étendu, donne lieu à des difpofitions tout autrement redoutables ; les caponnières cafematées ne font plus ces petites pièces auxquelles nous avons été obligés de nous affujettir relativement aux petites dimenfions des précédentes redoutes, ce font ces flancs cafematés fi formidables de notre fyftême angulaire, avec double batterie de canons & double batterie de fufiliers couvertes, affujetties feulement à la longueur qui leur a été fixée Planche XII, c'eft-à-dire, à deux arcs de voute au lieu de quatre qu'ils ont

quand

E   F

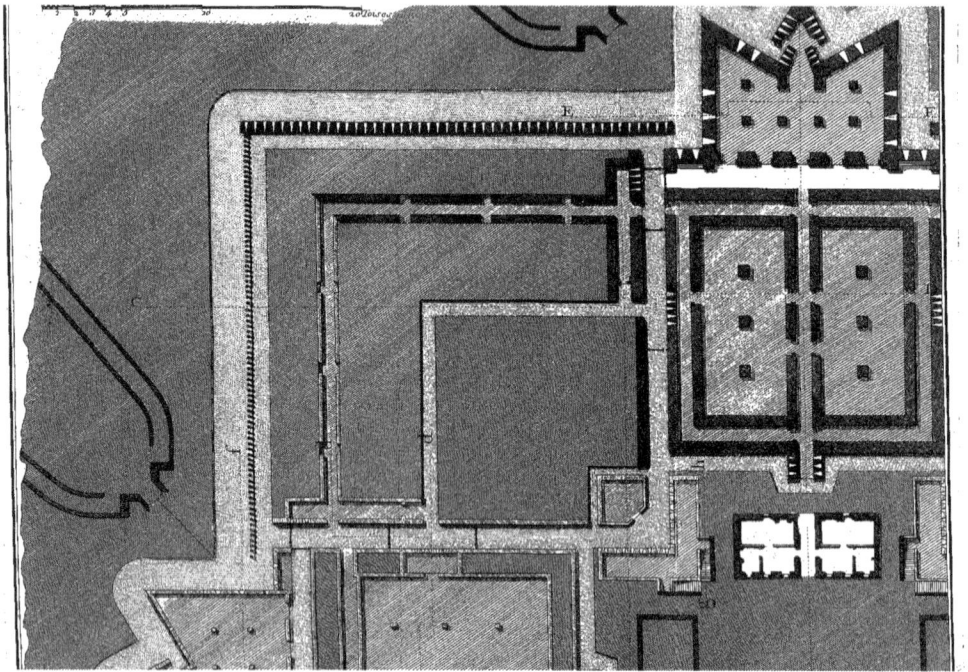

F.

G.   H.

g.   h.   c.   f. E.   F.

c.   d.   a.   b.

C.   D.

A.   P.

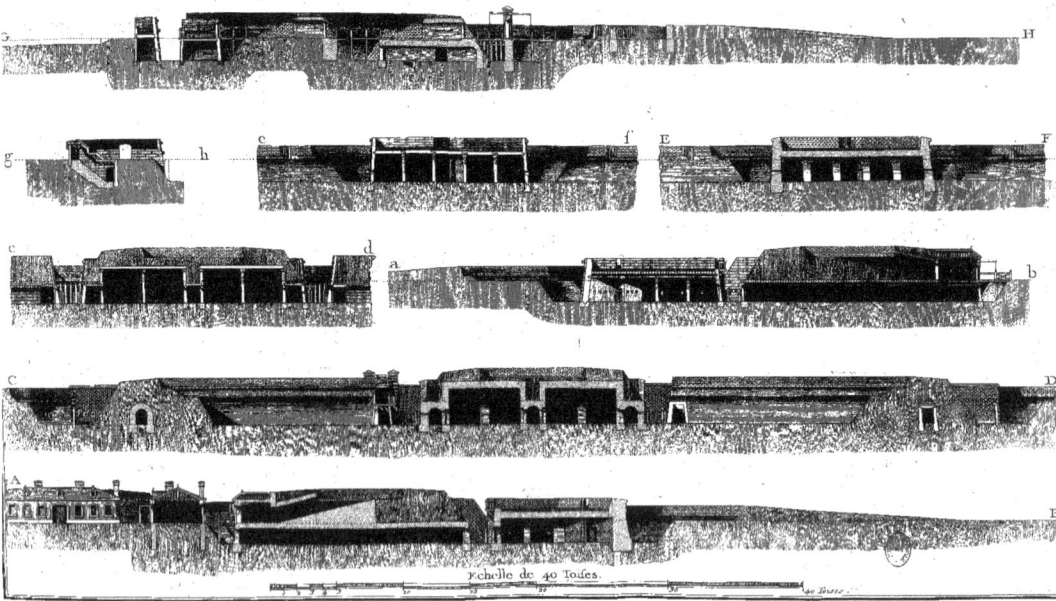

Echelle de 40 Toises.

Echelle de 60 Toises

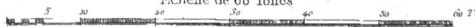

quand les foſſés ont la largeur des grandes places,
de façon que ces ſortes de caponnières caſematées, placées ainſi (1), font proprement deux flancs
réunis & adoſſés pour battre chacun l'angle flanqué qui leur eſt oppoſé, & réciproquement les
deux flancs qui défendent leurs faces, font des
moitiés de caponnières caſematées adoſſées au
grand rempart de la place. C'eſt toujours le même
principe de défenſe dont on a vu des applications
plus en grand, Planches x & xi de la première
Partie, plié ici & aſſujetti à de plus petits eſpaces, afin de généraliſer la méthode ſans l'affoiblir, qualité qui ne s'eſt pas encore rencontrée
dans les ſyſtêmes de fortification connus. Les
pièces nouvelles que nous avons appellées caponnières caſematées, dont le détail ſe trouve dans
d'autres proportions, Planches xii & xiii du premier Volume, méritent donc toute l'attention
des perſonnes de l'art ; on ſe flatte qu'elles les
trouveront auſſi redoutables qu'ingénieuſement
diſpoſées pour opérer ſûrement les plus grands
effets : ce font, ſans doute, nos flancs déjà déve-
loppés dans la première Partie, mais on étoit
maître de diſpoſer de l'eſpace ; rien ne gênoit de

(1) Voyez Pl. xii pour le Plan, & Pl. xiii pour les Profils.

ce côté. Ici c'eſt tout autre choſe ; on ne peut
s'étendre ſans porter en avant l'angle flanqué de
cette pièce, & par conféquent mettre plus de
diſtance entre les flancs qui la doivent défendre;
d'où il ſuit l'alongement du côté à fortifier &
une augmentation de dépenſe, qui eſt toujours
ce qu'on doit avoir en vue d'éviter. On doit donc
reconnoître, dans ce fort, le même ſyſtême,
mais réduit, replié, pour ainſi dire, ſur lui-même
pour lui donner, dans un plus petit eſpace, un
degré de force plus grand encore en réduiſant
la poſſibilité de l'attaque à quatre angles ſaillans
qui ſe trouvent, dans cette diſpoſition, très-puiſ-
ſamment défendus, tant par leur propre conſtruction que par les cavaliers caſematés dont ils
ſont flanqués.

La Planche XIII contient, dans le plus grand
détail, toutes les parties développées, avec les
vues & perſpectives néceſſaires pour l'intelligence de cette manière de fortifier.

Planche XIII.
Fig. 1ère. Le premier profil ſur la ligne A B, *fig.* 1,
coupe la cazerne caſematée de l'angle rentrant
du fort marque 1, & fait voir en perſpective
l'élévation de ſon autre côté 2 ; enſuite l'éléva-

tion de la pièce 3 ; la coupe de la pièce 4 , avec la coupe de la galerie de mine 5 ; l'élévation du cavalier 6 , où l'on apperçoit fa galerie créne-lée 7 , défendant le foffé fec ; enfuite la coupe de la pièce 8 , & de fa galerie de mine 9 ; enfuite l'élévation du retour du flanc cafematé 10 , défend-ant le foffé fec ; la coupe du mur cafematé 11 , la coupe du foffé plein d'eau , l'élévation d'une partie de la caponnière cafematée 12 ; enfin la coupe du chemin couvert & glacis 13 , n'ayant pas jugé à propos d'ajouter dans ces deffins , en avant de ce fort , l'enceinte d'enveloppe , ou couvreface général déjà connu. On le fuppofera facilement.

Mais il faut remarquer , à l'occafion de cette ligne de profil , qu'il a été placé au-deffus de la caponnière cafematée 12 , une feconde élévation de cette même caponnière marquée 14 , fuivant une ligne 5 & 6 du plan , d'abord en entrant dans ce mur , afin d'en déchirer le parement dans une partie, pour en faire voir la conftruction inté-rieure par arc de voûte. Ces voûtes , cachées par le parement , foutiennent le mur , & ne lui per-mettent point de s'ébouler , que les trois arcs de voûte ne foient coupés. On ne fait qu'un trou dans ce mur, fi l'on n'en coupe qu'un & même deux : c'eft un moyen de rendre les murs beaucoup plus forts qui feroit avantageux, & dédommageroit bien de la petite augmentation de main d'œuvre qui pourroit en réfulter. Nous avons déjà donné un exemple de cette conftruction, Planche XIII du premier Volume ; & lorfqu'elle ne fera pas exprimée dans nos deffins, elle fera fous-entendue.

Planche XIII. Fig. 2.

La *fig.* 2 eft une coupe fur la ligne *IK*, paffant par le milieu de la pièce 3, dont elle montre la difpofition des voûtes, toujours dans un fens où elles n'ont aucune pouffée fur le mur extérieur, dont elles fervent au contraire de contre-forts. Cette coupe montre enfuite les deux communications baffes & hautes du cavalier cafematé 6, dont nous avons vu l'élévation, fous le même numéro, dans la coupe précédente. Enfuite la caponnière cafematée, marquée ci-devant par les numéros 12 & 14, dont on voit la direction des voûtes fervant de même de point d'appui aux murs de face. On apperçoit auffi l'ouverture des cheminées pour évacuer la fumée dans le parapet oppofé.

La *fig.* 3 eft une coupe du flanc fur la ligne *E F*, pour faire voir fes doubles batteries de canon couvertes, ainfi que les deux galeries de fufi- liers. La *fig.* 4, fur la ligne 1 & 2 du Plan, paffe *Fig.* 4. dans une partie du mur de face de la caponnière cafematée, pour en faire voir de même la conf- truction intérieure, par trois arcs de voûte; & la *fig.* 5 eft une coupe de ce même mur de face *Fig.* 5. fur la ligne 3 & 4, pour faire voir comment le parement fe trouve couvrant tous les arcs de voûte, de manière qu'ils ne font point apperçus au-dehors.

Mais la *fig.* 6 eft une coupe & perfpective d'une *Fig.* 6. grande partie d'un front fur la ligne *G H*, cou- pant auffi la caponnière cafematée. Cette figure eft très-inftructive à fuivre; un relief ne feroit pas plus clair. L'on y voit d'abord, en *G*, les arcs de voûte du mur cafematé, dont le pare- ment a été enlevé à cet effet; enfuite les creneaux de ce mur, & puis les doubles creneaux du mur plus élevé, qui fe joint à l'extrêmité du flanc. La pièce de maçonnerie, dont on voit les embrafures par-deffus ce mur, eft la même mar- quée 2, *fig.* 1. Enfuite on voit l'élévation du

flanc, tant de la partie qui fe préfente en face,
que celle fuyant en perfpective. Enfin la coupe
de la caponnière cafematée fur deux lignes différentes ; l'une paffant par le milieu des embrafures à canon & creneaux de fufiliers, & dans
la partie la plus élevée de la voûte, coupant
une ventoufe ; l'autre, paffant un peu par-delà
de cette même clef de voûte, coupant deux
cheminées & deux creneaux à fufils. L'on voit
Fig. 7. au-deffous, *fig.* 7, une autre coupe de la même
pièce fur la ligne PQ, paffant par les piliers de
voûte pour en faire voir les arcades, les quatre
ventoufes & les quatre cheminées placées dans
cette partie pour évacuer la fumée. En fuivant la
même ligne du profil GH, après la coupe de la
caponnière cafematée, on voit, en élévation, les
mêmes parties des remparts & des murs répétées ;
mais on a placé au-deffous, *fig.* 15, des parties
de ces mêmes murs paffant par la ligne 7 & 8
du Plan, pour en faire voir l'intérieur, fembla-
blement difpofé que les précédens. Tels font
les objets que préfente cette figure, qui ne
laiffe, à ce qu'il femble, rien à defirer pour
l'intelligence de ces conftructions.

PERPENDICULAIRE. 183

La *fig.* 8 fur la ligne *C D*, traverfant le cavalier, n'eft deftinée qu'à faire connoître le développe- ment de l'efcalier de communication, qui va du bas des fouterrains au haut de la plate-forme, & à faire connoître les dimenfions & hauteurs de la galerie latérale des cavaliers deftinés à défendre les foffés fecs du couvreface & de la lunette.

La *fig.* 9, coupée fur la ligne *L M*, & la *fig.* 10, coupée fur la ligne *N O*, n'ont befoin d'aucune explication.

Mais la *fig.* 11 eft un Plan placé fur cette Plan- che, & fait fur l'échelle des profils de la partie des cazernes cafematées, contenant l'efcalier qui communique à la double batterie de cette cazerne, ainfi qu'à fa plate-forme fupérieure, & les *figures* 12, 13 & 14, font des coupes fur les diverfes lignes marquées fur ce Plan, afin de faire connoître en détail toutes les parties de ces communications.

On fe flatte qu'au moyen de tous ces Plans, profils, élévations, perfpectives, &c. & de tous les développemens contenus dans ces deux Plan- ches XII & XIII, il n'y aura aucune partie de cette fortification qui ne foit entiérement con-

Planche XIII.
Fig. 8.

Fig. 9 & 10.

Fig. 11.

Fig. 12, 13 & 14.

nue, & qu'un tel fort ne pourra rencontrer aucune difficulté dans son exécution.

Le toisé que nous en avons fait, d'après les mesures précises que nous en avons déterminées, se trouve, pour chaque côté, de mille neuf cens soixante-trois toises trois pieds neuf pouces cubes de maçonnerie ; ce qui donne un total, pour les quatre côtés, de sept mille huit cens cinquante-quatre toises trois pieds cubes : c'est moins de la moitié de la quantité de maçonnerie nécessaire à la construction d'un quarré bastionné (1).

Mais quoique nous soyons déjà bien loin du point d'où nous sommes partis, de ces redoutes du camp devant Maestricht, on voit bien cependant que nous n'avons pas encore atteint le dernier

---

(1) *N. B.* Pour vérifier ces calculs, on auroit de la peine à prendre les dimensions des murs avec le compas. Leur juste épaisseur n'ayant pas été observée avec assez d'exactitude dans les gravures. Il convient donc d'être prévenu que tous les murs des faces & des flancs qui ont même hauteur, sont fixés à des proportions qui donnent quatre toises un pied six pouces quarrés de profil, compris le petit mur du parapet, & la fondation supposée toujours à trois pieds de profondeur. En calculant sur ce Profil, on doit revenir à-peu-près à notre total, & plutôt au-dessous qu'au-dessus. Cet avertissement est d'autant plus nécessaire, que la coupe des murs de cette Planche ne les représente point dans les proportions qui leur ont été assignées, & qui se trouvent dans les coupes plus en grand où elles ont été cottées.

terme

terme où l'on puiffe aller, dans le genre des redoutes femblables. On fent que fi le côté de ces fortes de redoutes ou forts, au lieu d'avoir cent dix toifes, comme dans l'exemple précédent, en avoit trois cens, comme la portée du fufil le permet : que les grands foffés euffent vingt toifes de largeur : le mur cafematé & le foffé fec dix toifes, faifant trente toifes pour les deux foffés, au lieu de douze : que les grands remparts enfin euffent trente-huit pieds de hauteur au-deffus du niveau de l'eau, au lieu de trente-deux, que nous leur avons donnés : alors les caponnières cafematées pourroient être de vingt-trois à vingt-quatre pièces de canons par batterie, faifant quarante-huit dans les deux batteries couvertes, ainfi que nous avons vu celle exprimée, Planches XII & XIII de la première Partie.

Mais pour tenir l'engagement que nous y avons pris, de donner un exemple où ces formidables pièces foient placées avec tous leurs avantages, nous allons, dans un quarré de trois cens vingt toifes de côté, former la plus grande des redoutes qu'on puiffe faire. On fent qu'on

peut, à la rigueur, conferver à ces forts le nom
de redoute, qu'ils tiennent de leur origine,
puifque ce font toujours des quarrés fimples.
Nous en avons cependant ici rendu la difpofition entièrement différente des précédentes, perfuadés que ces variétés ne peuvent tourner qu'au
profit de l'Art, par les nouvelles idées qu'elles
peuvent faire naître. Nous avons de plus pour
objet, dans ce changement, de diminuer de plus
en plus la maçonnerie; ce que nous faifons dans
le dernier exemple, au point de n'avoir, pour
ainfi dire, plus que celle employée aux caponnières & aux flancs cafematés.

Planche xiv. La Planche xiv offre la moitié de ce quarré
de trois cens trente-deux toifes de côté, mefuré
des angles flanqués des couvrefaces particuliers
marqués *a* & *b*. Cette moitié y eft encore divifée
en deux parties, formant un quart difpofé d'une
manière, tandis que l'autre quart l'eft d'un autre.
Dans ces deux cas, les caponnières cafematées 1,
2 & 3, font également de vingt-une toifes de
largeur, fur quarante-cinq toifes de longueur de
flanc. Celle exprimée, Planche xiii, *fig.* 1 & 2,
de la première Partie, avoit feulement trente-fix

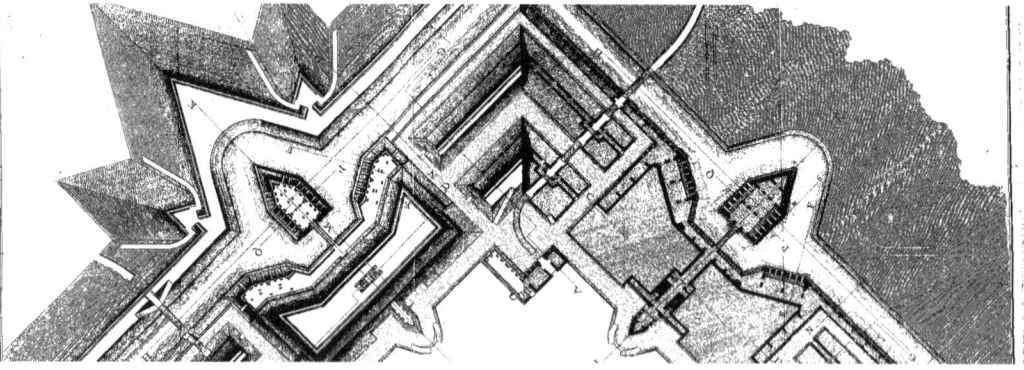

Fig. 8.

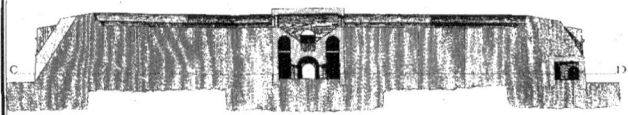

Fig. 9.

C

D

L

M

Fig. 2.

I

3

G

K

Fig. 3.

3

4

Fig. 1.

5

4

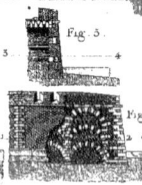

Fig. 5.

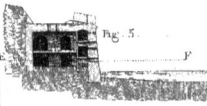

Fig. 4.

F

A

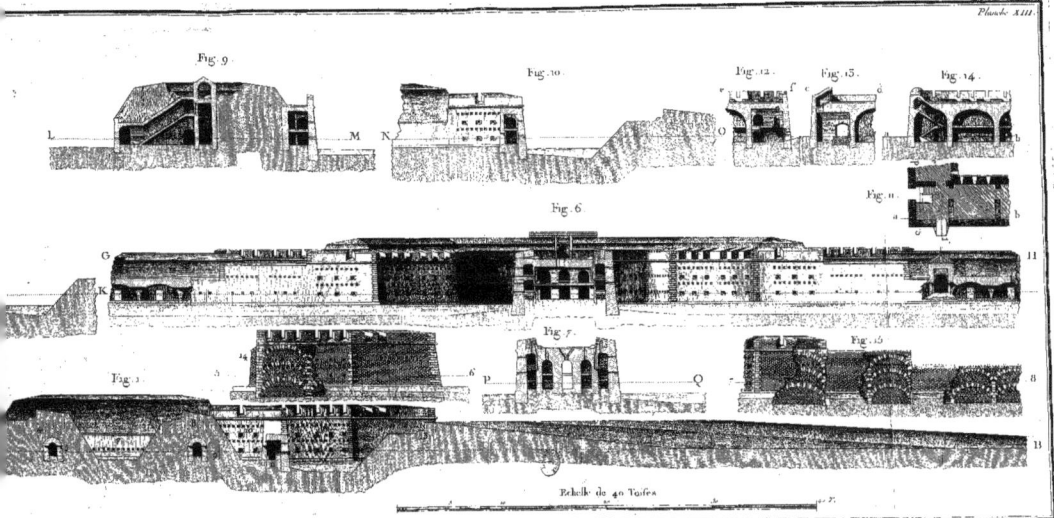

Planche XIII.

Fig. 9.

Fig. 10.

Fig. 12. Fig. 13. Fig. 14.

Fig. 11.

Fig. 6.

Fig. 7.

Fig. 1.

Fig. 5.

Echelle de 40 Toises.

toifes de longueur ; ce qui n'occafionne aucune
différence dans la conftruction intérieure, & nous
difpenfe de donner ni coupes ni plans en fondation de ces piecès, en renvoyant pour les détails
aux Planches du premier Volume. Il en fera de
même des flancs cafematés 4, 5, 6 & 7, difpofés
comme ceux des Planches x & xɪ de la première
Partie, exceptés qu'ils font ici ifolés des terres.

Si l'impoffibilité du paffage du grand foffé
avoit pu fembler douteufe dans les exemples
précédemment donnés, il ne paroît pas que cette
impoffibilité puiffe être contredite dans celui ci.
Neuf arcades dans l'efpace de quarante-cinq toifes, longueur du flanc de ces caponnières, à trois
pièces de canon chacune, font vingt-fept ; &
vingt-fept, pour la batterie d'au-deffus, font
cinquante-quatre pièces couvertes ; à quoi l'on
peut ajouter les feize pièces de la batterie découverte ; ce qui fait foixante-dix pièces de canon,
avec le feu de deux cens foixante-dix fufils de
rempart, partant des trois batteries de fufiliers
couvertes, à oppofer, & à ce paffage du foffé,
& à la batterie de l'affiégeant qui doit le protéger ; batterie qui ne peut être que de fix à fept

Aa 2

pièces. On laisse à juger si cette entreprise est possible.

Chacun des flancs 4, 5, 6 & 7, ayant même longueur que les caponnières, peuvent de même opposer soixante-dix pièces de canon, & le même nombre de fusiliers pour défendre les deux fossés de la caponnière & de son couvreface ; ainsi la force étant la même de tous les côtés, & cette force se trouvant infiniment supérieure à celle que l'assiégeant peut employer ; il reste démontré qu'il lui sera impossible de la surmonter.

Nos moyens décisifs, dans cette disposition, sont donc dans nos caponnières casematées & nos flancs casematés. Ce sont les seules pièces, à proprement parler, qui doivent être considérées ; une simple enceinte en terre, unissant ces flancs casematés, seroit également *inréduisible*. Nous allons cependant faire voir quelles ressources cette enceinte intérieure pourroit trouver en elle-même, si l'on vouloit ne pas s'en fier aux grands effets de notre artillerie dans la défense du fossé.

En commençant par considérer le côté de l'angle *b*, indépendamment de son couvreface

général, il préfente d'abord un couvreface particulier, trop étroit pour permettre l'établiffement d'aucune batterie de canons, ayant un
foffé de dix toifes de largeur, qui le fépare du
véritable angle flanqué *d*, du poligône ; & ce
foffé fe trouve également foumis au feu terrible
partant de la caponnière cafematée. L'on trouve
enfuite les pièces en terre 8 & 9, défendues à
bout-touchant, par les pièces en maçonnerie 10
& 11, défendues elles-mêmes par les deux traverfes cafematées, & la pièce en maçonnerie à
flanc retiré 12 ; derrière ces cinq pièces, fe trouve
le mur cafematé 13, 13, 13, 13, joignant les
deux grands flancs cafematés, & ce mur eft foutenu par le parapet de rempart 14, qui règne d'un
flanc cafematé à l'autre ; de cette façon, les
grands flancs cafematés 6 & 7, fe trouvent entiérement ifolés, défendant par leurs trois côtés,
fur lefquelles on a difpofé un parapet, les différentes parties qui lui font foumifes, tandis que
ces mêmes côtés font défendus par les différentes
pièces qui les environnent ; car chaque flanc
cafematé exige une attaque particulière pour
s'en rendre maître ; fans quoi, s'il étoit poffible

qu'on fût parvenu par-delà le rempart 14 , dans
l'efpace 15 , on y feroit foumis aux feux des
mêmes flancs cafematés , qui rendront impoffible tout logement qu'on tenteroit d'y faire.

Mais les moyens employés pour fe rendre
maîtres de flancs pareils , feroient toujours longs
& coûteux , fi tant eft qu'il en exifte de fuffifans.
On a vu que ces flancs font un corps de maçonnerie tout voûté , par différentes parties , qui
offrent des retraites fûres , & préfentent à l'ennemi toujours de nouveaux obftacles. Enfin toutes ces difficultés vaincues , il refte encore à fe
rendre maîtres de deux cavaliers triangulaires ,
entourés de murs cafematés avec leurs caponnières qu'il faut prendre , fans quoi l'on n'a
encore rien. Ces murs cafematés , entourant les
cavaliers triangulaires , font les mêmes murs que
ceux dont nous avons déjà donné les détails ; ils
font, comme on l'a vu , capables d'oppofer la
plus grande réfiftance ; & les nouveaux obftacles
que ces cavaliers , ou pour mieux dire , ces citadelles auroient à offrir , jointes à tous ceux qui
fe rencontrent pour arriver jufques - là , ne permettent pas de douter qu'il n'y en ait plus qu'il

n'en faut, pour former des obstacles absolument
nvincibles.

Ce sont ces considérations qui nous ont fait
composer tout en terre, les différentes pièces
qui lient les flancs casematés 4 & 5 du côté des
angles *a* & *c*. Nous ne détaillerons point toutes
ces pièces; le Plan exprimé sur cette Planche les
fait assez connoître; mais comme l'échelle en est
fort petite, nous avons cru devoir présenter
cette même disposition plus en grand & répétée
des deux côtés, telle qu'on la voit Planche xv. Planche xv.
Rien ne peut être plus impénétrable qu'un espace
ainsi coupé, entre les deux grands flancs casematés qui les bordent. On peut même en suppri-
mer une partie : il y en aura encore plus qu'il
n'en sera nécessaire ; car ce ne sera jamais qu'en
se rendant maîtres de ces grands flancs, qu'on
pourroit parvenir jusqu'à l'intérieur de cette place ; ce qui ne souffriroit plus aucune difficulté
dans cette construction, par la suppression que
nous avons faite des citadelles triangulaires du
précédent exemple, pour nous borner à former
un cavalier qui pût, par ses batteries hautes,
dominer tous les autres ouvrages.

Ainſi, dans la conſtruction préſentée dans cette Planche xv, il ne ſe trouve de maçonnerie néceſ-ſaire, dans un front de trois cens vingt toiſes d'étendue, que celle de la caponnière caſematée & de ſes deux flancs, les pièces placées à l'extrê-mité de chaque flanc, pouvant être ſupprimées ſans aucun inconvénient.

Enfin, qu'on ajoute en-dehors du grand foſſé une enceinte avancée, ou couvreface général tout en terre, tel qu'il eſt diſpoſé Planche xiv, il faudra plus de tems pour parvenir au bord du grand foſſé, qu'il n'en faut pour prendre une enceinte baſtionnée ordinaire.

La petiteſſe de la Planche xiv, nous ayant obligé à donner ſéparément, Planche xv, le côté *a*, en plus grand point, répété des deux côtés, nous avons jugé convenable d'en faire de même pour le côté *b*, afin que cette diſpoſition, ainſi que l'effet de ces citadelles triangulaires, de-

Planche xvi.

vint plus ſenſible; & c'eſt l'objet de la Planche xvi, qui préſente une conſtruction auſſi neuve, qu'im-poſſible à détruire par aucun moyen connu. (1)

_____

(1) *N. B.* L'exécution de ces trois dernières Planches ne répond pas à celle des autres Planches de cet Ouvrage; mais après avoir été ſix mois

Mais

Mais il eſt viſible que cette quantité de feux,
: doit pas être néceſſaire pour la défenſe du
ſſé d'une place de guerre, que l'aſſiégeant ne
:ut attaquer qu'avec cinq à ſix pièces de canons :
ıe tant d'ouvrages multipliés deviendroient
utiles, & occuperoient de grands eſpaces dans
.ntérieur des places. Nous croyons donc devoir
ɔnner d'autres exemples où nos caponnières &
ɔs flancs, quoique bien moins étendus, & par
ɔnſéquent beaucoup moins cher à conſtruire,
eviendront capables de très-grands effets, par
:s nouveaux avantages que nous nous ſommes
fforcés de leur donner, ſur-tout relativement
la diſpoſition de leur artillerie.

Nous n'avons jamais fait aucun cas des batte-
ies hautes, placées ſur les remparts des places
ɔut à découvert, ſans être garanties d'aucune
açon, ni par leurs flancs, ni par leurs embra-
ıres ; & ſi nous les avons laiſſé ſubſiſter dans
ıos précédentes compoſitions, ce n'a été qu'en

ntre les mains d'un des plus habiles Graveurs de Paris, qui les avoit
ɔnfié à des Ouvriers qui ont trompé ſon attente, il les a rendu telles
ι'elles ſont, au moment que ce Volume alloit paroître, & l'on n'a pu
n ſubſtituer d'autres ; mais au coup-d'œil près, l'objet de ces Planches
ſt également rempli, en ce que le tracé en eſt très-exact.

cédant à l'ufage, & pour ne pas préfenter à-la-fois des changemens fi confidérables; mais enfin nous devons ici nos idées dans toute leur étendue, fur-tout, notre objet principal étant, comme nous l'avons déclaré plufieurs fois, d'ouvrir de nouvelles routes, s'il nous eft poffible, & de faire naître le defir de perfectionner un Art qui nous a paru beaucoup trop négligé. Nous allons donc montrer ce que ces batteries peuvent devenir, & comme il peut en réfulter les plus grands avantages, à tel point même, que ce moyen pourroit être lui feul un obftacle infurmontable.

Jufqu'à préfent nous n'avons pu indiquer, dans nos Plans & profils, que l'emplacement des canons, ainfi que leur quantité. Les recherches fur la meilleure manière de les employer, ont été réfervées pour un Chapitre particulier. L'objet eft des plus importans, puifque c'eft du tracé des embrafures que dépend le plus ou le moins d'effet des batteries; & c'eft de quoi l'on ne pourra douter, pour peu qu'on veuille fuivre les détails dans lefquels nous allons entrer.

Echelle de 80 Toises

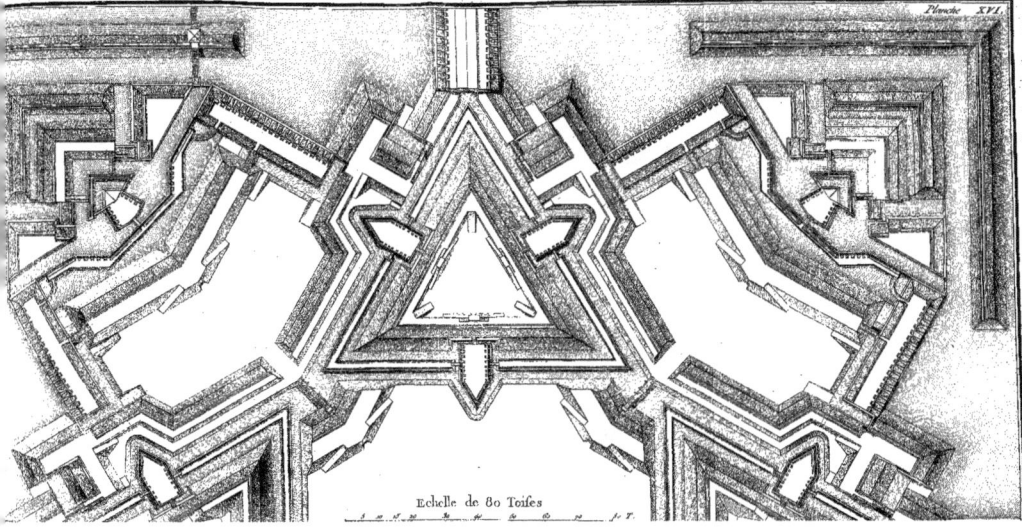

Echelle de 80 Toises

CHAPITRE CINQUIEME.

Des Embrasures à Canons.

LES embrasures doivent néceffairement être confidérées fuivant deux objets qu'elles ont à remplir ; celui du fervice du canon dirigé fur la mer & celui du même fervice dirigé fur la terre. Les premières ne peuvent être qu'à un centre de mouvement, & beaucoup plus fimples que les fecondes, auxquelles nous en fixerons trois principaux. Nous expliquerons bientôt ce que nous entendons par embrafures à un centre & à plufieurs centres ; mais dans l'un & l'autre cas, nous n'entendons parler, quant à préfent, que des embrafures faites dans des murs ; celles pratiquées dans les parapets purement en terre, ne font point fufceptibles des mêmes avantages. On fait d'ailleurs, que ces fortes d'embrafures, quoiqu'elles aient ordinairement neuf pieds d'ouverture extérieure, ne permettent de tirer horifontalement que par un angle de vingt degrés.

Nous comptons indiquer par la fuite les moyens
de les rendre beaucoup meilleures.

Toutes celles dont nous allons faire mention
font fuppofées deftinées à des pièces du calibre de
vingt-quatre.

Des Embrafures droites à un centre.

Nous établiffons pour loi conftante de ces
fortes d'embrafures, que la bouche du canon n'y
foit jamais diftante de plus de deux pieds deux
pouces de la face extérieure du mur. On fent
que la bouche du canon ne pourroit être plus
profondément dans l'embrafure fans augmenter,
pour le même angle, fon ouverture horifontale ;
& que fi elle ne l'étoit pas affez, le canon feroit
trop apparent de dehors, ce qui l'expoferoit à
être battu par celui de l'ennemi. Cependant quand
l'angle horifontal de l'embrafure n'excède pas
vingt degrés, alors la bouche du canon peut être
fans inconvénient jufqu'à fix pouces de la face
du mur extérieur, puifque l'intérieur d'une embrafure auffi peu ouverte ne peut être vu qu'en
face.

En fuivant cette règle, c'eft la ligne repré-
fentant la face extérieure du mur qui doit être
la première confidérée dans le tracé des embrafures, & l'on opérera uniformément fur cette
ligne quelque foit l'épaiffeur du mur. Alors fuivant que l'embrafure fera placée plus haut ou
plus bas dans le mur, fuivant que le talut du
mur fera plus ou moins grand, on aura à prendre
plus ou moins fur le mur dans fa partie intérieure
pour former l'embrafure.

Un canon de vingt-quatre, monté fur fon affût
à couliffe, tel que nous en avons donné un plan
& une élévation, Planche XIV du premier volume
de notre Ouvrage, & tel qu'on le voit ici, Plan-
che XVIII, *fig.* 15, a quatre pieds huit pouces de- Planche XVIII.
puis le centre de mouvement horifontal de fon
affût marqué *B*, jufqu'à l'extrêmité de fa bouche;
à quoi il faut ajouter les deux pieds deux pouces
de diftance, depuis la bouche du canon jufqu'à
la ligne extérieure du mur, & l'on aura fix pieds
dix pouces, depuis ce point de centre de mouvement jufqu'à l'extrêmité du mur; & comme il
faut dix pouces d'intervalle de ce centre de mouvement à la face intérieure de la genouillère de

l'embrafure, pour que l'affût puiffe avoir fon mouvement autour de ce centre, il en réfulte qu'il y aura toujours fix pieds d'épaiffeur de la face intérieure de la genouillère de l'embrafure à la face extérieure du mur ; mais de ces fix pieds d'épaiffeur il n'y en aura jamais que quatre en maçonnerie, & les deux autres rempli par des pièces de bois, formant enfemble deux pieds d'épaiffeur, affemblés par leurs extrêmités d'un côté & d'autre dans des bois de bout, qui les lient avec de pareilles pièces placées de même à la partie fupérieure de l'embrafure, dans la vue de revêtir intérieurement ces embrafures avec des bois deffous, deffus & par leurs côtés, afin d'éviter les éclats de pierre détachés par les boulets. Pour cet effet, lorfque le mur aura plus de quatre pieds d'épaiffeur, il faudra le réduire à cette dimenfion, en cet endroit de l'embrafure, pour y loger ces affemblages de bois, & s'il n'eft pas bâti, il faudra l'affujettir à cette proportion.

Maintenant pour tracer une embrafure droite fuppofée de trente-cinq degrés d'ouverture, il faut confidérer, Planche XVII, *fig.* première, que

Planche XVII.
Fig. 1^{cre}.

la ligne cd, repréfente la face extérieure du mur
où doit être pratiquée l'embrafure : la ligne gh
repréfente la ligne de la genouillère à la diftance
de fix pieds l'une de l'autre : la face intérieure
du mur fixée à quatre pieds de la face extérieure,
ce qui détermine l'épaiffeur des bois, formant
le haut & le bas du chaffis, à deux pieds, ainfi
qu'il a été dit ; tandis qu'on voit fur le plan les
bois de bout des mêmes chaffis, ayant enfemble
deux pieds & demi d'épaiffeur.

Mais comme il faut que le centre de mouvement horifontal du canon, avec fon affût, foit
à dix pouces de la genouillère de la batterie,
l'on menera à cette diftance la ligne $y\chi$ parallèle
à la ligne gh ; alors fuppofant que le milieu de
l'embrafure foit déterminé fur le mur à l'endroit
A, l'on abaiffera de ce point A fur la ligne $y\chi$
une perpendiculaire, qui fera nommée *l'axe de
l'embrafure*, laquelle coupant cette ligne au point
B, déterminera à ce point le centre de mouvement du canon avec fon affût. Alors tirez les
lignes BL & BK, formant avec la ligne AB,
chacun un angle de dix-fept degrés & demi,
vous aurez l'angle KBL de trente-cinq degrés

tel qu'il a été demandé ; mais pour que l'axe de
l'ame du canon puiffe former horifontalement
cet angle, il faut que la moitié du diamètre du
canon puiffe excéder ces deux lignes. Ce demi-
diamètre étant à cet endroit de fept pouces &
demi, l'on prendra dans le mur, en-dehors de
ces deux lignes, fept pouces & demi, & l'on
tracera les lignes *mo* & *np*, qui feront terminées
par l'arc de cercle de conftruction ponctué *op*
que l'on aura tracé, ainfi qu'il fe voit fur la figure ;
cet arc devant être formé du point *B* par un
rayon de quatre pieds & demi, longueur du
canon, depuis fon centre de mouvement horifontal jufqu'à la chûte du renflement du bour-
let ; enfuite l'on arrêtera par un autre arc de
cercle de conftruction *HI*, de cinq pieds de
rayon les points *E* & *F*, fur les lignes *KB*, *LB* ;
alors des points *E* & *F*, où ce dernier arc de
cercle coupe les lignes *EK*, *BL*, on portera
trois pouces de *E* en *H*, & de *F* en *I* pour le
demi-diamètre de l'ame, & l'on tirera les lignes
HQ & *IR* à cette diftance & parallèlement aux
lignes de l'ame *BK* & *BL*, afin que le boulet
ne rencontre point d'obftacle dans cette direction,

tion., & que l'embrafure n'ait que l'ouverture néceffaire pour l'angle déterminé. L'on tirera enfin les lignes *Ho* & *Ip*, & la coupe horifontale de l'embrafure de trente-cinq degrés d'ouverture fe trouvera déterminée.

Enfuite, pour exprimer en plan la cavité deftinée à recevoir le renflement du boulet du canon qui doit en même tems joindre la partie retirée de l'embrafure fuivant les lignes *QH* & *RI* avec la partie fuivant les lignes *mo* & *np*, on décrira deux arcs de cercle, l'un marqué *t* & *t*, à quatre pieds trois pouces & demi de rayon du point *B*, & l'autre marqué *r* & *r* à quatre pieds dix pouces de rayon du même point *B*; l'on prolongera les lignes *QH* & *RI* jufqu'à ce qu'elles rencontrent ce dernier arc de cercle au point *r*; & de leur point d'interfection on tirera deux petites lignes parallèles aux lignes *Ho* & *Ip*, qui iront aboutir au point *t* & *t* de la commune fection des lignes *mo* & *np* avec l'arc du cercle *t* & *t*.

L'on aura ainfi le tracé du plan incliné courbe qui raccorde la grande dimenfion de l'embrafure avec la petite; ce qui fe verra d'une manière plus fenfible dans le profil, *fig.* 15, par le rapport des mêmes lettres.

Mais ce n'eft point affez : il faut déterminer les proportions & affemblages des bois deftinés à former le chaffis qui doit terminer l'embrafure intérieurement. L'on placera donc dans cette vue, fur les deux pièces formant la genouillère de l'embrafure, deux autres pièces de bois d'un & d'autre côté de l'axe *A B* de l'embrafure dans l'alignement de fes côtés, telles qu'on voit les deux pièces *i m* & *k n* de trois pieds deux pouces & demi de longueur fur quatorze pouces d'épaiffeur ou de largeur. Quant à la hauteur de chacune, elle dépendra de la force des bois qu'on aura à employer. Ces pièces de bois qu'on nommera les *joues de l'embrafure*, font maintenues entr'elles, d'une part par des boulons 1 & 2, & de l'autre par des tenons entrans dans les pièces de bois placées debout, marquées *i o* & *k p*, & toutes enfemble font affujetties dans le chaffis, dont les montans font vus en plan, *fig.* première, & exprimées par les lettres *G* d'un côté & *T* de l'autre.

Ce n'eft que dans la *fig.* 2 que l'on peut voir

l'élévation de l'embrasure avec le châssis destiné à maintenir les pièces de bois formant les joues, au moyen des boulons 1 & 2 qui les traversent : ces pièces de bois sont ici supposées quatre. Si les bois étoient moins épais il y en auroit davantage. Il est facile de s'appercevoir que la proportion de ces bois, dans ce sens, est indifférente. L'objet est que toute la partie intérieure de l'embrasure soit revêtue en bois, tant par les joues que par les pièces de bois qui les terminent, afin d'éviter le danger des éclats de pierre, & afin de pouvoir rétablir facilement cette partie essentielle de l'embrasure avec d'autres pièces de bois, dans le cas où le canon de l'ennemi les auroit sensiblement endommagé ; ce qui ne pourra toutefois arriver que très-difficilement, un boulet ayant peu de prise sur des poutres de cette épaisseur.

Des Embrasures biaises à un centre.

Planche XVII.
Fig. 3.

Le mur & les pièces de bois placées le long de la face intérieure du mur étant dans les mêmes proportions que celles fixées ci-dessus ; tirez à dix

Cc 2

pouces en-deçà de la ligne *gh* & parallèlement
à cette même ligne, la ligne *y z* fur laquelle doit
fe trouver le centre de mouvement du canon
avec fon affût, & du point *A*, (déterminé fur
la face extérieure du mur, pour devoir être le
point où doit paffer l'axe de l'embrafure) abaiffez
une perpendiculaire coupant la ligne *y z*, le point
B, où elle coupera cette ligne, fera le centre
de mouvement cherché, ainfi qu'il l'eft dans
l'embrafure droite ; mais l'angle de trente-cinq
degrés demandé pour l'embrafure, devant être
de trente degrés du côté *Q*, & de 5 du côté *R* ;
on formera ces deux angles du point *B*, à droite
& gauche de l'axe *AB* ; & l'on aura l'angle
total *K B L*, de trente-cinq degrés, qui ne fera
plus divifé en deux parties égales, par la ligne *AB*,
ou *l'axe de l'embrafure*, mais par une ligne *a B*,
que nous nommerons *l'axe de l'angle du tir*. On
portera comme dans le précédent exemple, fept
pouces & demi en dehors des lignes de l'angle,
& l'on tirera paralèllement à ces deux lignes *K B*,
L B, les lignes *m o*, *n p*, qui font terminées par
l'arc du cercle de conftruction *o p*, de quatre
pieds & demi de rayon décrit du centre *B* ; &

après avoir tiré le second arc de cercle de conftruction *HI*, de cinq pieds de rayon, on portera
trois pouces de *E* en *H*, & de *F* en *I*, afin de
tirer les lignes *HQ* & *IR*, paralèlles aux lignes
KB & *LB*; & l'on tirera les lignes *Ho* & *Ip*,
qui termine la coupe horifontale de ladite embrafure, à laquelle on adoptera, pour former les
joues, d'abord les pièces de bois de bout *i o*
& *k p*, de fix pouces d'épaiffeur : enfuite les
pièces *i m* & *k n*, comme dans l'exemple précédent, de façon qu'à caufe de l'obliquité, la
pièce *k n*, fera plus longue que la pièce *i m*. Le
refte de la conftruction, tant pour les arcs de
cercle à décrire, que pour le chaffis contenant
les joues de l'embrafure, étant la même que dans
la précédente conftruction, n'aura pas befoin
d'explication.

Les embrafures droites & obliques à un centre, dont nous venons de faire le tracé, pratiquées dans des murs & chaffis de bois, ayant
enfemble fix pieds d'épaiffeur, offrent déjà un
avantage confidérable fur les embrafures à canons
ordinaires, conftruits dans des parapets de terre
de trois toifes d'épaiffeur, puifque ces dernières,

ayant neuf pieds d'ouverture, ne permettent de tirer que par un angle de vingt dégrés, tandis que les premières, avec une ouverture de cinq pieds moins un pouce, donnent l'angle du tir de trente-cinq dégrés; & l'on peut voir, par les lignes ponctuées, *fig.* 1, qu'en donnant sept pieds à cette ouverture, on pourra tirer à cinquante-un dégrés; c'est le terme auquel nous nous sommes fixés, pour les embrasures à un centre, destinées à être dirigées sur la mer.

Mais quoique des embrasures semblables soient infiniment moins couvertes que les embrasures ordinaires pratiquées dans les parapets, lesquelles sont, on ne peut plus meurtrières, nous avons cherché à réunir à tous les avantages des premières sur les secondes, celui de la sûreté; & nous nous flattons d'y être parvenus, d'une manière aussi simple que solide, au moyen des volets mobiles, dont nous allons donner la description, d'abord pour une embrasure droite, ensuite pour une oblique.

Planche XVII.
Fig. 4, 5 & 9. L'on voit, *figures* 4, 5 & 9, trois embrasures exactement semblables à celle exprimée, *fig.* 1, auxquelles sont adaptés deux volets qui les fer-

ment de la manière la plus folide. La *fig.* 9 repréfente les volets fermés , & ils y ont été feulement
ponctués ouverts. La *fig.* 4 repréfente au contraire les volets ouverts & ponctués fermés ;
tandis que dans la *fig.* 5 on n'a placé qu'un feul
volet , repréfenté coupé horifontalement pour
faire voir fon affemblage avec fon axe , & l'on
a fupprimé l'autre , pour exprimer la crapaudine
fur laquelle l'axe roule , ainfi que la manière
dont elle eft maintenue dans la pièce de bois
formant la genouillère.

Le Plan horifontal de chacun de ces volets ,
eft compofé , *figures* 4 & 5 , de trois lignes droites 6 , 3 ; 3 , *m ; m*, 5^1. & d'une ligne courbe ou
portion de cercle 5^1 , 6 ; les mêmes chiffres placés aux mêmes endroits, *fig.* 5 , font voir un
volet ouvert ; la figure 9 , les deux volets fermés ; & *fig.* 8 , l'un ouvert & l'autre fermé (1).
Ces volets font mobiles fur chacun un centre 1
& 2 , placés fur une ligne que nous nommerons
la ligne des centres des volets. Ils font mobiles

(1) *N. B.* Obfervez feulement , que lorfque les volets font fermés ,
les angles du bas de leurs faces, formant les joues de l'embrafure , font
marqués *f* & *t* , & quand ils font ouverts , ces mêmes angles font marqués *m* & *n*.

au moyen d'un axe 9 , *fig. 6* , qui les traverſe dans
toute leur hauteur , roulant en bas ſur une crapaudine 10 , & en-haut dans un collet 11 ; on
voit une de ces crapaudines exprimées en Plan,
fig. 5 : ce ſont les mêmes pièces de bois , formant les joues immobiles de l'embraſure , *fig. 1*,
qui compoſent les principales pièces de ces
volets. En les ſuppoſant au nombre de quatre,
on en placera deux dans la poſition des volets
fermés , & deux dans celle des volets ouverts.
L'intervalle entre les deux pièces placées du
même ſens , ſera remplie par des pièces de bois
de forme , partie circulaire , partie droite , ſuivant la figure que doit avoir le volet ; ce qui ne
peut faire qu'une conſtruction de charpente très-
facile à exécuter de pluſieurs manières , toutes
également bonnes , dès quelles auront la même
ſolidité. Nous avons exprimé , par la coupe d'un
des volets , *fig. 5* , comment il eſt aſſujetti au
quarré de ſon axe , par des ferrures aſſujetties
elles - mêmes , au moyen des trois boulons 13,
13 , 13 , qui lient les bandes de fer environnant
le volet ; l'on voit la même ferrure répétée dans
le haut du volet , *fig. 6.*

Mais

Mais en fuppofant que les efforts de plufieurs boulets confécutifs, que le hazard aura dirigés dans la même embrafure, euffent endommagé quelqu'un de ces volets, on s'eft ménagé des moyens faciles & prompts de les ôter & d'en remettre de neufs, qu'on aura en magafin tous préparés ; de manière qu'il n'y ait plus qu'à les pofer de la façon qu'il va être expliqué. L'on voit *fig.* 5, quatre boulons à écrou 7, 7, 7, 7, qui traverfent les deux poutres formant la genouillère de l'embrafure. Ces écrous attachent, d'une manière inébranlable, les échantignoles de bois 8, ferrées par de fortes bandes dans la direction de leur longueur & de leur hauteur, comme on les voit en élévation & en coupe, marquées 8, *fig. 6.* Ces pièces marquées 8, également *fig.* 5, y paroiffent en Plan. Au moyen de cette conftruction, dans le cas où il deviendroit néceffaire de changer un volet, on dévifferoit les deux écrous d'en-bas, les deux d'en-haut, & on ôteroit l'échantignole de bois 8 ; de ce moment le volet n'eft plus retenu : on peut le retirer ; il fort avec fon axe & fa crapaudine, & fur le champ on peut le remplacer par un autre ; ce qui eſt une manœuvre auſſi facile que prompte.

L'on voit encore , dans les *figures* 4 & 9 , qu'on a ſubſtitué aux bois debout *io* & *kp* , *fig.* 1 & 3 , des pièces de fonte de fer 4*p* , 4*o* , engagées dans le haut & le bas de la maçonnerie de l'embraſure , & fixées dans le mur de la manière la plus ſolide , afin d'oppoſer , dans cet endroit , lorſque l'embraſure eſt fermée , un obſtacle invincible aux boulets de canon. Ces pièces de fonte de fer , n'ayant au plus qu'un tiers de pied quarré ſur quatre pieds de hauteur , ne contiennent chacune qu'un pied & un tiers cubes de fonte ; ce qui fait deux pieds & deux tiers pour les deux pièces néceſſaires à chaque embraſure : or , le pied cube de fonte de fer , peſe environ cinq cens livres ; il coûte , depuis trois livres le quintal ou le cent , juſqu'à cinq livres , ſuivant les pays ; ce qui ſeroit , au prix moyen , vingt livres le pied cube , & cinquante-quatre livres pour les deux pièces de fonte de fer , au moyen deſquelles l'embraſure peut être fermée de la manière la plus ſolide. Nous avons donné des formes différentes à ces pièces de fonte. On peut

les faire de plufieurs manières , & leur donner
plus ou moins d'épaiſſeur, c'eſt-à-dire de trente-
fix à quarante-huit pouces quarrés de baſe ſans
aucun inconvénient.

Dans les embraſures *fig.* 7 , la difpofition des
volets eſt la même, avec cette différence, que
la ligne des centres des volets 1 & 2 , devant être
perpendiculaire à la ligne de l'axe du tir *a B* ,
& cette dernière ligne ſe trouvant inclinée dans
les embraſures obliques, la ligne des centres n'eſt
plus paralelle à la face du mur *c d* , comme elle
l'eſt dans l'embraſure droite , qui confond , dans
une même ligne , l'axe de l'embraſure *A B* , avec
l'axe du tir *a B ;* mais à cette différence près ,
les volets ſont abſolument les mêmes , que les
embraſures ſoient droites, ou qu'elles ſoient obi-
ques ; ce qu'il eſt facile de voir , en comparant
les unes avec les autres.

Enfin nous avons exprimé , *fig.* 15 , Planche XVIII , une coupe verticale d'une de ces
embraſures droites à volets, dans laquelle nous
avons placé une pièce de canon , afin d'en donner
une idée complette. Cette coupe étant d'ailleurs
très-exacte , toutes les parties qu'on voudra rap-

Fig. 7.

porter au compas, pour les reconnoître du Plan
à la coupe, & de la coupe au Plan, se trouveront, on ne peut pas plus justes, sur l'une &
sur l'autre. Nous ne croyons donc pas qu'il soit
possible d'y rien ajouter pour l'intelligence.

Planche xvii.
Fig. 10. *Des Embrasures droites & obliques à trois centres* (1).

L'objet très-important que nous nous sommes
proposé de remplir dans la construction de nos
batteries à trois centres, est de nous procurer
un angle de tir horisontal beaucoup plus grand,
dans la même ouverture d'embrasure ; pour cet
effet, nous avons porté en avant, sur l'axe de
l'embrasure, le sommet de l'angle du tir, comme
on le voit figure 10, où le point *D* est avancé
sur la ligne *AB* de l'axe de l'embrasure, & se
trouve à quatre pieds du point *A ;* mais pour
pouvoir tracer ces sortes d'embrasures avec quelque précision, il est nécessaire de fixer le Plan
horisontal de l'embrasure à la ligne passant par
l'axe de l'ame de la pièce de canon, telle que la

---

(1) On n'a déterminé, dans les figures, que trois centres à ces Batteries,
pouvant prendre les intermédiaires à volonté.

ligne *AC*, *fig.* 15, pour n'avoir égard à aucun
talut. Hors dans la proportion des affuts, dont
nous nous fervons, l'axe de l'ame de la pièce
étant dans une direction horifontale, fe trouve
à trois pieds cinq pouces élevé fur le plancher,
ou la plate-forme foutenant l'affut ; ainfi la ligne
qui marquera fur le Plan l'extérieur du mur,
fera toujours celle répondante à l'axe horifontal
de la pièce en batterie. De cette manière, les
talus ne feront point exprimés fur les Plans, ni
même fur les profils ; ces derniers feront feulement terminés extérieurement par une ligne
ponctuée verticale, qui fuppofera une ligne à
tirer, fuivant le talut qu'on voudra donner ; &
cette ligne, quelque talut qu'elle ait à exprimer,
paffera néceffairement par le point *A*. (1)   (1) Voyez *fig.* 15.

   D'après ces premières idées, & le fommet du
grand angle du tir *D*, *fig.* 10, ayant été fixé fur
la ligne de l'axe de l'ame *AB* à quatre pieds de
la ligne *cd*, faites avec cette ligne *AB* & du
point *D*, un angle de vingt-huit dégrés & demi,
de chaque côté de cette ligne, au moyen des
deux lignes *LD* & *KD*, que vous prolongerez
enfuite par-delà *D*, jufques en B^1 & B^2. Tirez

la ligne $y\chi$ paralellement, & à dix pouces de la
ligne gh, & les points B^1 & B^2, où la ligne $y\chi$
coupera les lignes L & K, prolongées par-delà
le centre D, feront les centres extrêmes de mouvement du canon de cette embrafure, qui renferment & le centre moyen B, & ceux intermédiaires que la pofition des objets pourra demander. Le point du centre B, étant ainfi fixé,
décrivez de ce point, & d'une ouverture du
compas de cinq pieds, l'arc de cercle de conftruction HI; cet arc coupera les lignes du grand
angle KDL au point E & F. De chacun de ces
points portez fur cet arc, en-dehors de ces
lignes, trois pouces de E en H & de F en I; &
de ces deux points H & I, tirez les lignes HQ
& IR paralelles aux lignes KD, LD, elles
détermineront l'ouverture extérieure de l'embrafure pour un angle de tir de cinquante-fept
dégrés. Maintenant du point B, & paffant par
les points d'interfection E & F, tirez les lignes
indéfinies BE & BF, vous aurez le petit angle
de tir EBF de vingt-cinq degrés, que la pièce
de canon placée au point B, pourra porcourir;
mais pour qu'elle puiffe diriger l'axe de fon ame,

uivant les lignes BE & BF, il faut, ainſi qu'il
a été prefcrit dans les précédens exemples, porter fept pouces & demi égal au demi-diamètre
du canon, en-dehors des deux lignes BE, BF;
& mener deux paralelles à ces lignes, telles
que mo & np; de même portez fept pouces &
demi en-dehors des lignes DB^1, DB^2, & tirez
les lignes paralelles mM & nN; tirez enfin les
petites lignes Ho & Ip; alors le tracé intérieur
de l'embrafure, à trois centres, fera achevé.
On placera les pièces de bois pour former les
joues, comme dans les exemples précédens qui
rempliront le même objet, quoi qu'avec une
forme différente. On placera de même les bois
de bout oi, kp, à l'extrêmité des joues, ainſi
que les montans des chaſſis G & T; on décrira
les arcs concentriques à ceux de conſtruction,
ainſi qu'ils font tracés *fig.* 1, & les petites lignes
paralelles aux lignes Ho & Ip; & l'on aura
l'embrafure à pluſieurs centres qu'on s'eſt propoſé de conſtruire, dont les angles du tir em-
braſſent cinquante-fept degrés, quoique l'ouverture ne foit que de cinq pieds moins un
pouce, égal à celle de l'embrafure à un centre,

figures 1 & 4, dont l'angle de tir n'eft que de trente-cinq degrés.

Cet avantage eft on ne peut pas plus grand pour les batteries deftinées à avoir leur direction fur terre, attendu que les objets y font fixes & donnent le tems néceffaire pour placer les pièces de canon au point convenable ; ce qui n'eft pas poffible fur mer ; le mouvement des vaiffeaux per-mettroit difficilement de faire ces changemens avec affez de promptitude pour pouvoir en tirer quelque utilité : mais auffi il y a moins d'incon-véniens à augmenter du côté de la mer la largeur des embrafures, la direction des coups partant des vaiffeaux, étant bien moins fufceptible de pré-cifion ; de cette façon, l'un compenfera l'autre. On pourra facilement tirer horifontalement fur terre, ainfi que fur mer, par des ouvertures d'an-gles de cinquante-huit à foixante degrés ; & ce font des moyens de multiplier les effets du canon on ne peut pas plus avantageux. On en donnera des exemples.

Fig. 11. La *fig.* 11 eft le Plan d'une embrafure à trois centres, dans les mêmes proportions que les pré-cédentes, où l'on a pratiqué des volets ; mais ce ne ne feroit, peut-être, point affez de donner des Plans de ces fortes de volets pour des embrafures à un centre, ainfi que pour celles à plufieurs centres, fi l'on n'y ajoutoit la méthode de les tracer ; ce que nous croyons devoir faire ici, afin de ne rien omettre de ce qui peut être utile.

Des Embrafures droites, à volets & à un centre.

Il faut d'abord confidérer quelles dimenfions il convient de donner, pour la folidité, au pivot de fer fur lequel roule le volet. On peut voir, Planche XVII, *fig.* 5 & 6, que nous les avons déterminé à quatre pouces de rayon, & que nous avons fixé, *fig.* 5, le centre de cet axe & de fa crapaudine, au milieu de la pièce de bois de quatorze pouces, fervant de genouillère, à fept pouces de fa face intérieure. On pourroit, dans des cas où la conftruction l'exigeroit, fe permettre d'en fixer le centre à cinq pouces de cette même face intérieure, en faifant faillir les échantignoles de bois 8, & leur donnant une forme courbe, afin de leur conferver de l'épaiffeur ; mais il y a peu de cas où cela puiffe être néceffaire. Nous donnons donc

Planche xvii.
Fig. 5 & 6.

Tome II.   E e

pour règle que les centres des crapaudines, fur lefquelles les axes des volets doivent fe mouvoir, foient à fept pouces de la face intérieure de la genouillère, telle qu'on voit placée la crapaudine 2, *fig.* 5.

Mais il n'en eft pas de même des axes des volets. Le centre en a été fixé à quatre pouces de leurs faces, fervant de joues aux embrafures, foit que ces faces foient brifées ou foit qu'elles ne le foient pas. Ainfi, pour déterminer les centres de mouvement des volets, il faut tirer la parallèle à la face intérieure de chaque genouillère marquée 1 & 2, *fig.* 4, 5, 8, 9, &c., à fept pouces en-dedans de cette face, & tirer de même, à quatre pouces des lignes des joues 3 *m*, 3 *n*, même *fig.* les petites lignes parallèles *tt*, *tt*, dont les interfections avec cette première parallèle, ou ligne des centres, donneront les points 1 & 2 pour les centres de mouvement des volets ; de chacun de ces points, décrivez des arcs de cercle de quatre pouces de rayon : enfuite du point d'interfection 3 de la ligne des centres 1 & 2 avec la ligne de l'axe de l'angle de tir *A B*, *fig.* 4, qui fe trouve en même tems ici l'axe de l'embrafure, menez deux tangentes 3 *t*, 3 *s*, à chacun de ces petits arcs de cercle de conftruction : elles formeront chacune une des faces des volets fermés, comme on le voit *fig.* 9.

Décrivez encore, de chacun de ces mêmes points de centre 1 & 2, deux autres portions de cercle de dix pouces de rayon, telles qu'on les voit ponctuées *fig.* 4, & menez de même deux tangentes à ces deux derniers cercles, qui foient parallèles aux autres tangentes 3 *t*, & 3 *s*; elles couperont, au point 6, la ligne *A B*, *fig.* 4 & 9, & ce point déterminera l'épaiffeur des volets dans la direction de l'axe de l'embrafure, égale à la longueur de l'onglet 6, 3; où l'on voit, par les ponctuations des lignes de cette figure, que les deux volets fermés viennent fe réunir.

Maintenant pour avoir ces mêmes points 3 & 6, lorfque les volets feront ouverts, *fig.* 4 & 9, & pour tracer la ligne 3, 6; de l'onglet dans cette pofition, prenez les diftances 1 & 3, ou 2 & 3, moitié de celle qui fe trouve entre ces deux centres, & tenant une des pointes du compas à l'un des centres, portez l'autre fur les lignes des joues, & marquez de chaque côté, des mêmes chiffres,

les points 3 fur ces lignes : vous aurez les longueurs des faces intérieures des volets ouverts,
égales à 3 *m*, ou 3 *n*, que vous porterez fur
chacune des tangentes, fe coupant au point 3
de la ligne de l'axe de l'embrafure, *fig.* 9, pour
avoir la longueur 3 *s* & 3 *t* des faces des volets
fermés. Le point 6 des volets ouverts, *fig.* 4, fe
déterminera de même. Décrivez des centres 1
& 2, & d'une ouverture de compas 1,6 ; & 2,6 ;
deux cercles indéfinis à fens contraire : prenez
fur la ligne *AB* l'intervalle 3, 6 ; portez-le du
point 3, placé fur les joues de l'embrafure, &
coupez les deux cercles indéfinis : vous aurez
les fections de ces cercles au point 5. Vous tire-
rez les lignes des onglets 3, 5 ; & vous aurez les
deux points 6 de côté & d'autre, lorfque les volets
feront ouverts ; enfuite vous prendrez quinze
pouces que vous porterez, *fig.* 9, fur chacun
des cercles, de 4 en 5, pour le recouvrement convenable du volet, lorfqu'il eft fermé : & des points
s & *t* on tirera les lignes *s* 5 & *t* 5, qui terminent
la forme des volets fermés. Pour leur pofition
étant ouverts, on prendra, par une ouverture de
compas, du point 6 fur l'axe de l'embrafure,

l'intervalle 6, 5 ; & de 5 on portera cette même
ouverture fur la portion de cercle oppofé où l'on
marquera le point 5¹ : l'on tirera alors, de chaque
côté, *fig.* 4 & 9, les lignes *m* 5¹ & *n* 5¹, qui ter-
mineront en entier la forme des volets ouverts.
Ils font, comme on l'a déjà dit, fuppofés ouverts,
fig. 4, & tous leurs côtés font tirés en ligne dans
cette pofition, tandis que fermés, ils font ponctués.
La *fig.* 9 eft le contraire : ils font en lignes fermés
& ponctués ouverts. Enfin, *fig.* 8, ils font l'un
ouvert & l'autre fermé. La *fig.* 7 offre les mêmes
volets dans une embrafure biaife, & l'on ne penfe
pas, qu'au moyen de ces quatre figures, il puiffe
y avoir aucune difficulté à tracer les volets d'aucune embrafure à un centre.

Des Embrafures droites & biaifes, à volets & à trois
centres.

Pour tracer les volets ouverts d'une embrafure
à trois centres, il faut confidérer que les joues de
cette efpèce d'embrafure communément ne font
plus formées d'une feule ligne droite, comme
celles des exemples précédens, mais de deux lignes
o m M, p n N, Planche XVII, *fig.* 10 & 11. Ainfi

Planche XVII.
Fig. 10 & 11.

la ligne des centres des axes des volets ayant été
tirée parallèlement à fept pouces de la face intérieure de la genouillère, ce ne fera plus, dans
tous les cas, par des lignes parallèles aux joues
o m & *p n*, qu'on déterminera les centres de ces
axes, mais le plus fouvent par celles qu'on tirera
parallèles à la partie des joues brifées *m M*, *n N*,
& à quatre pouces de ces lignes ; c'eft ce qui fe
voit exécuté, *fig.* 11, au moyen des petites lignes
t t, *t t*. Ces centres déterminés de cette manière,
on tracera deux cercles de conftruction : l'un de
dix pouces de rayon, & l'autre de quatre pouces
de rayon , ce dernier tangent a une des joues
brifées de l'embrafure. L'on tirera donc , ainfi
qu'on l'a fait dans les exemples précédens , du
point d'interfection 3 de la ligne des centres avec
l'axe de l'embrafure , une tangente au dernier de
ces cercles, qui ne fera que de conftruction, afin
de pouvoir tirer une autre ligne de conftruction,
auffi tangente à l'arc de cercle de dix pouces de
rayon, parallèle à la première, qui coupera l'axe
de l'embrafure au point 6 ; alors d'une ouverture de compas égale à la moitié de la ligne des
centres, & de l'un & l'autre de ces centres, on

ixera les points 3 , fur les joues de l'embrafure,
qui détermineront la pofition de ces points , lorfque les volets feront ouverts. Les points 6 des
volets ouverts feront déterminés de même. Des
centres 1 & 2 , & d'une ouverture de compas de
ces centres , au point d'interfection 6 avec la ligne
de l'axe de l'embrafure , on décrira les portions
de cercle de chaque côté , depuis le point d'interfection 6 indéfiniment en fens contraire ; enfuite
on tirera , des points déterminés fur les joues des
embrafures , des tangentes aux petits cercles de
quatre pouces de rayon : l'on tirera enfuite des
parallèles à ces tangentes , qui feront en même
tems tangentes aux grands cercles de conftruction
de dix pouces de rayon : & ces deux dernières
coupant les arcs de cercle 6 k d'un côté , & 6 i
de l'autre , donneront les points nouveaux marqués du même chiffre 6 & 6; d'où tirant des lignes
fur les points 3 , on formera les onglets des volets
ouverts , ainfi qu'ils font repréfentés , *fig.* 11, &
l'on continuera , de ce point , l'arc de cercle formant la partie extérieure du volet , lequel fera
déterminé au point 5 , également diftant des points
i & k, que ces deux derniers points le font du

point 6 fur l'axe de l'embrafure ; alors l'on tirera de ce point les lignes 5 *M*, & 5 *N*, pour achever de déterminer toutes les faces des volets.

Mais nous ne venons de donner que le tracé des volets ouverts ; il nous refte donc à donner la méthode de les tracer fermés. Du centre 2, & de l'ouverture 2 *n*, point pris fur la joue de l'embrafure au-deffous du point 3, tracez une fection de cercle de *n*, coupant au point 12 la tangente tirée du point 3, au petit cercle de conftruction ; tirez une autre fection de cercle de cette même ouverture de compas, qui coupe au point 13 la tangente partant du point 3, milieu de la ligne des centres ; prenez l'intervalle de 12 en *n*; portez-le fur la fection de cercle de 13 en *u*; & de ce point *u*, tirez une ligne, ou point de fection 3, de la ligne des centres, avec l'axe de l'embrafure ; cette ligne 3 *u* fera égale à la ligne 3 *n*, faifant partie de la joue de l'embrafure. Enfuite tirez de *u* une tangente au plus petit des deux cercles de conftruction de l'axe des volets, & portez de *u*, fur cette tangente, un intervalle égal à la ligne *nN*, vous aurez le point *x*. Enfin, de ce point *x* tirez une ligne au

point

point *k* d'un côté, & *i* de l'autre, diftant de quatorze pouces du point 4, & vous aurez la totalité du tracé du volet fermé, qui fe trouvera avoir de 4 en *k* quatorze pouces de recouvrement. C'eft en fuivant cette méthode qu'on a conftruit l'embrafure à volets fermés, repréfentée *fig.* 12.

Mais quoique cette conftruction de volets nous ait paru remplir les objets les plus importans, nous avons cru devoir en donner une autre, telle qu'on la voit *figures* 13 & 14, & qui pourra être employée dans les cas, où l'efpace d'une embrafure à l'autre ne pourroit être que de fept pieds, & jufqu'à huit pieds neuf à dix pouces, & où l'on voudroit conferver l'angle du tir le plus grand qu'il feroit poffible. Cette conftruction au refte, ne différant de la précédente que par le rayon qui termine la partie extérieure des volets, fera très-facile à exécuter. Il fuffira de décrire un arc de cercle de quatorze à feize pouces de rayon, pour terminer cette partie extérieure, au lieu d'en décrire un d'une ouverture de compas égal à l'intervalle du centre des volets 1 ou 2 au point d'interfection 6, ainfi qu'on l'a fait dans la précédente conftruction ; & l'on aura des volets mixtilignes dans leur partie extérieure, tels qu'on les voit ouverts *fig.* 13 & fermés *fig.* 14 ; mais cette dernière figure fait appercevoir, d'une manière bien fenfible, ce que cette forme a de défavantageux par le très-grand efpace qui refte vuide dans l'intérieur de l'embrafure, lorfque les volets font fermés, & où le boulet peut frapper ; ce qui devient impoffible dans la manière repréfentée *fig.* 12.

Mais, comme on l'a dit, il y a des cas où l'on feroit obligé de paffer par-deffus cet inconvénient, d'autant moins grand que l'angle de tir feroit plus petit ; & ce cas-là pouvant fe préfenter fréquemment, nous n'avons pas cru devoir négliger de donner une méthode auffi favorable à l'économie du terrein dans les emplacemens où il eft fouvent fi précieux.

C'eft par cette même raifon, de l'économie du terrein, que l'on feroit obligé de préférer cette dernière méthode, pour les cas où l'on voudroit exécuter une embrafure de même ouverture, & qui pût tirer dans toute l'étendue du même angle, fans avoir befoin de placer le canon dans aucuns points intermédiaires, entre les centres extrêmes $B^1\ B^2$. Nous avons donné un exemple de cette efpèce d'embrafure *fig.* 16 , quoique nous penfions que celle fuivant les *figures* 11 & 12 , doivent leur être préférées.

Après avoir bien compris la conftruction d'une embrafure droite à trois centres ; après avoir fait l'attention convenable à la conftruction de fes volets , dont nous avons donné tous les détails , on ne trouvera aucune difficulté à l'intelligence d'une embrafure oblique , puifque par la méthode à laquelle nous donnons toute préférence , nous les réduifons , les unes comme les autres , à des embrafures droites , en dirigeant perpendiculairement la ligne des centres des volets fur l'axe de l'angle du tir , & plaçant encore dans la même direction le chaffis de charpente , formant l'affemblage des volets , de la manière qu'il eft exprimé Planche XVIII , *fig.* 17.

Planche XVIII.
Fig. 17.

L'embrafure biaife à volets que préfente cette *fig.* 17 , eft d'une conftruction auffi fimple que la forme eft avantageufe pour le fervice des pièces de canon qui y feront placées en batterie. L'on voit qu'avec une embrafure, ouverte feu-

lement de cinq pieds trois pouces, l'angle du tir
eſt de cinquante-cinq degrés, dont quarante-cinq
d'un côté & dix de l'autre. Cette ouverture n'eſt
que de quatre pouces plus grande que celle exprimée *figures* 12 & 13, tandis que la première permet de tirer à quarante-cinq degrés d'obliquité
de l'axe de la batterie. C'eſt à la diſpoſition de
ce que nous appellons la ligne des centres des
volets, & au chaſſis des volets perpendiculaires
à l'axe de l'angle du tir, qu'eſt dûe la régularité
& la ſimplicité de cette conſtruction. En s'atta-
chant à maintenir le chaſſis des volets ſuivant la
direction du mur, on ne pourroit plus diriger
la ligne des centres perpendiculairement à l'axe
de l'angle du tir, ſans que l'un des volets ne
s'éloignât extrêmement de la face de la genouillère, ce qui ſeroit ſujet à beaucoup d'inconvéniens; & l'on peut voir, *fig.* 18, où l'on a tracé
une embraſure de cette eſpèce, combien il ſe
trouveroit d'irrégularité dans cette conſtruction,
ſans qu'il en réſultât aucun avantage. Nous nous
ſommes donc déterminés d'autant plus facilement à la précédente méthode, qu'elle eſt applicable à des embraſures d'une obliquité qu'on n'a

peut-être pas cru, jufqu'à préfent, praticable; cependant en confidérant la *fig.* 19, l'on y trouve une embrafure très-régulière, très-fimple, & d'un fervice très-commode, de foixante degrés d'obliquité, dont le grand angle de tir eft de trente-trois degrés & demi, quoique l'ouverture de l'embrafure ne foit que de fix pieds. Enfin, l'on en voit une autre de foixante-trois degrés d'obliquité, *fig.* 20, tout auffi fimple & d'un fervice auffi commode, au moyen de laquelle on peut croifer la capitale d'un angle faillant de foixante degrés à douze toifes de diftance du fommet de cet angle. Il eft des cas où une pareille obliquité feroit utile; & nous n'avons pas voulu négliger d'en donner des exemples.

Nous ne croyons pas devoir entrer dans de nouveaux détails fur cette dernière embrafure; les figures, avec les lettres correfpondantes, fuffiront pour leur intelligence. On fe bornera feulement à obferver que l'obliquité des embrafures à trois centres, change la commune feſtion de l'axe de l'embrafure *ab* avec l'axe du tir *aB*. Que cette feſtion fe fait dans ces dernières embrafures, au point *D* de la réunion des centres, *fig.* 17, 18,

19 & 20, au lieu du point *B*, *fig.* 3 & 7 ; mais quant aux *fig.* 19 & 20, on pourra remarquer que dans une pareille obliquité, la ligne *Ab* de l'axe se trouve totalement hors de l'embrafure, quoiqu'elle n'en foit pas moins néceffaire à la conftruction, puifque c'eft de cette ligne qu'on doit fixer l'obliquité totale de l'embrafure. Enfin la *fig.* 21 exprimera un refouloir de corde tel qu'on en embarque fur tous les vaiffeaux de guerre pour pouvoir charger le canon, toutes les fois qu'une groffe mer, ou la vivacité du feu de l'ennemi oblige de charger, les fabords fermés. L'on en pourra ufer de même ici, en fuppofant le cas très-rare, où le feu de moufqueterie feroit affez dangereux pour ne pas pouvoir fe permettre d'entr'ouvrir les volets, l'inftant feulement où le refouloir aura à agir.

Il ne nous femble pas qu'on doive fe refufer aux avantages qui fe trouvent réunis dans des embrafures ainfi difpofées. Si l'on ne veut pas fe laiffer prévenir par les grandes différences qui fe trouvent de ces méthodes à celles en ufage : fi des doutes, point affez fcrupuleufement, ni impartialement examinés, ne viennent pas s'op-

ofer à l'analyfe réfléchie de ces différentes conf-
ructions, on trouvera que ces nouveaux moyens
beaucoup plus étendus, d'employer le canon,
réuniffent la facilité & la fûreté du fervice de
l'artillerie, & que quant à la folidité que nous
avons jugé fort au-deffus de celle néceffaire ,
fi l'on ne la jugeoit pas de même , il feroit
facile d'augmenter les proportions & des murs
& des bois ; mais après y avoir, de notre part,
bien réfléchi , nous recommandons de ne pas
fe livrer légérement à de femblables craintes ,
étant entièrement convaincus qu'elles feront fans
fondement.

Nous demandons feulement, pour ne pas tomber dans cette erreur, (& nous avons de fortes
raifons de faire une telle demande) qu'on ne fuppofe pas, dans le jugement qu'on portera de la
folidité de ces fortes de batteries, qu'étant dégar-
nies de canons, elles feront expofées au feu d'une
batterie à portée de les battre en brèche ; nous
demandons qu'on admette, au contraire, que
l'une & l'autre batterie ait autant de canons que
d'embrafures, & qu'elles aient toute l'exécution
dont elles peuvent être capables ; alors notre

batterie, à longueur égale, ayant toujours deux pièces contre une, si elle est simple, & quatre si elle est double, n'étant point d'ailleurs exposée en chargeant le canon, à perdre ses canoniers, au moyen des volets qui les garantissent, aura infailliblement démonté & rasé la batterie en fascinage, avant que cette dernière ait pû faire quelqu'effet sur la première; car il est impossible de supposer qu'un feu couvert, quatruple d'un feu découvert, puisse avoir quelque chose à en craindre.

Après avoir donné cette théorie des embrasures, nous passerons à la description d'un nouveau fort, où elles sont tracées sur ces principes, afin d'en pouvoir rendre, par cette application, les avantages plus sensibles.

CHAPITRE

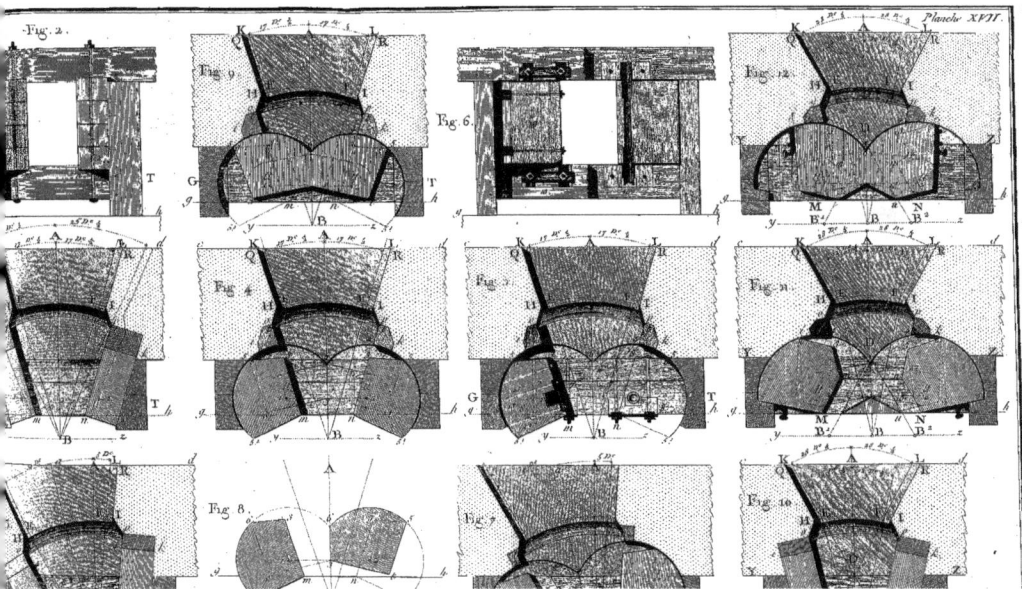

Fig. 2.

Fig. 9.

Fig. 6.

Fig. 12.

Fig. 4.

Fig. 11.

Fig. 8.

Fig. 7.

Fig. 10.

Fig. 13.

Fig. 21.

Fig. 19.

Fig. 20.

Fig. 14.

Echelle de 6 Pieds.

Fig. 15.

Fig. 16.

Fig. 17.

Fig. 18.

CHAPITRE SIXIEME.

Des Forts quarrés à Batteries de remparts cafematées.

FORT ROYAL,

De cent quatre-vingt toifes de côté.

L A Planche XIX offre un quarré de cent quatre-vingt toifes de côté, mefuré dans le grand foffé, à l'angle flanqué du grand mur cafematé; ce qui répond exactement au quarré baftionné de cent quatre-vingt toifes qui nous a fervi d'exemple, Planche XVII de la première Partie. Nous nous fommes attachés, dans la compofition de ce fort, à proportionner toutes ces pièces, de façon que fa défenfe reflât fort fupérieure à quelqu'attaque que ce pût être, mais auffi pour qu'il n'y eut point un grand excès ou furabondance de moyens. Tout notre defir feroit donc de ne point aug-menter inutilement la dépenfe. Nous n'avons cependant point encore ofé, dans cet exemple, nous réduire autant que nous l'aurions fait, fi nous

Planche XIX.

Tome II. G g

n'avions craint que, faute d'un examen fuffifant, on ne jugeât pas fainement de la valeur des obftacles que nous avons à oppofer. C'eft donc en nous croyant encore fort au-deffus de ce qui peut être néceffaire que nous avons fixé les largeurs des foffés, ainfi que les hauteurs & les longueurs des pièces cafèmatées, de manière à les rendre capables des plus grands effets, & nous croyons que l'enfemble de tout ce qui compofe ce fort peut avoir quelque mérite. Nous en avons donné le Plan dans un affez grand point, pour que tout y pût être bien diftingué, tant dans les parties détaillées des Plans en fondation, que dans celles des Plans à vue d'oifeau ; mais il n'eft pas poffible de prendre plus de foin qu'on en a pris dans les profils nombreux que nous en avons faits, ainfi que dans les élévations & perfpectives qui fe trouvent fur les Planches xx & xxi.

Le Plan repréfenté, partie à vue d'oifeau & partie en fondation, Planche xix, fait connoître que la caponnière cafematée, fervant à défendre le grand foffé, eft compofée de trois arcades de vingt-fept pieds dans œuvre, deftinées à recevoir trois pièces de canon chacune, ce qui fait neuf pièces pour ce côté de la batterie ; mais cette caponnière eft différemment difpofée que les précédentes ; elle a trois batteries de canon couvertes : ainfi il faut avoir recours, dans les profils, Planche xx, à la *fig.* 3, pour en connoître la conftruction. Cette figure, qui coupe la capon- nière perpendiculairement à la direction de fes batteries, fait voir comment, entre la première & la feconde, il fe trouve une galerie de fufi- liers féparée des deux batteries, mais dont le plafond a été tenu de niveau au plancher de la batterie fupérieure, afin que le canon placé fur ce plancher, puiffe approcher affez près du mur de face, pour avoir un mouvement horifontal dans fon embrafure, au moyen duquel il puiffe tirer fous divers angles. On fent combien il eft avan- tageux de pouvoir diriger tous les canons d'une batterie deftinée à la défenfe directe du foffé, fur les différentes parties du chemin couvert ou du couvreface général ; ce qui ne peut être fans aug- menter de beaucoup la largeur des embrafures extérieurement, quand le canon fe trouve autant éloigné de la face extérieure du mur de pare- ment, qu'il l'étoit dans les exemples précédens ;

Planche xx.
Fig. 3.

mais la difpofition étant différente ici, elle nous
a permis de placer les canons affez près des murs
de face, pour avoir bien moins de longueur dans
nos axes d'embrafures, dont il a réfulté que leurs
ouvertures extérieures font devenues très-petites,
eu égard à l'ouverture de l'angle de tir dont elles
font capables. Ces ouvertures, telles qu'elles
ont été déterminées dans les plans & profils des
caponnières cafematées & des flancs cafematés
de ce fort, pour leur feconde & troifième batterie, donnent des angles de tir de quarante-cinq
dégrés d'obliquité. On verra même par la fuite,
que nous avons pu augmenter cette obliquité
jufqu'à foixante & foixante-trois degrés ; mais
ayant voulu nous procurer l'avantage d'avoir
une troifième batterie de canons couverte, nous
n'avons pas jugé à propos de former une feconde
galerie de fufiliers féparée, au-deffus de la feconde
batterie de canons, afin de gagner environ cinq
pieds de hauteur de voûte ; de manière que nous
avons feulement pratiqué des crénaux de fufiliers au-deffus des chaffis formant les batteries à
volets, dont nous avons fait mention ci-deffus ;
& nous penfons que les fufiliers pourront égale-

ment exécuter un feu très-vif par les crénaux,
dans le tems où le canon ne fera point en activité, & même dès l'inftant que les pièces auront
tiré, pendant le tems deftiné à les charger. Un
canon, pour ne pas trop s'échauffer, ne doit pas
tirer plus de cent coups par vingt-quatre heures,
ce qui revient, l'un dans l'autre, à quatre coups
par heure. Combien de tems donc ne refte-t-il
pas pour le jeu de la moufqueterie ? d'où nous
avons penfé qu'on pouvoit, fans autre inconvénient qu'un peu moins de commodité, profiter
de l'économie qui fe trouve dans la diminution
de la hauteur des voûtes de ces cafemates, &
noùs en avons ufé de même à l'égard de la troifième batterie de canons couverte, qui a auffi
fes crénaux de fufiliers au-deffus des chaffis des
embrafures.

L'on voit exprimé dans ces deffins, *figures 3*
& 6, Planche XX, malgré la petiteffe de l'échelle, *Planche XX. Fig. 3 & 6.*
les chaffis à volets de ces deux batteries. Ils font
doubles à la feconde batterie, afin qu'il y ait fix
pieds d'épaiffeur entre la face du mur & la genouillère de l'embrafure ; tandis que la troifieme
batterie n'a qu'un feul chaffis encaftré dans le

mur. Cette dernière difpofition eft relative à la grande épaiffeur donnée à ces murs élevés, afin qu'ils n'aient rien à craindre de l'artillerie de l'affiégeant.

Cette troifième batterie ainfi placée, domine tous les ouvrages, & répond à la hauteur de celles établies à découvert fur les remparts, fuivant les ufages ordinaires ; mais quelle différence dans les effets de l'une & de l'autre ! Le ricochet ne pourra rien fur celle-ci ; les bombes n'enterreront plus les affuts, après les avoir brifé ; les fufiliers très à-couvert, ajufteront parfaitement leurs coups. Il faudra que les batteries des affiégeans entreprennent de rafer ces voûtes dont les murs ont fix pieds d'épaiffeur. Où fe placeront-elles ? Il eft poffible d'établir, fur chaque front, dans ces troifièmes batteries couvertes, cent quinze pièces de canons ; favoir, la caponnière cafematée vingt-une : chaque flanc, avec fon retour, vingt trois : les deux font quarante-fix ; chaque flanc retiré, joignant la courtine, trois : les deux font fix ; on peut en placer dix-huit fur la courtine. On a négligé d'en marquer les embrafures fur les deffins, parce qu'il eft facile d'y fuppléer. Les pièces de maçonnerie couvrant les tours dans les angles rentrans, pourroient en contenir chacune neuf à chaque face, en y pratiquant des embrafures & baiſſant de quelques pieds la crête du parapet du couvre-face intérieur : ce qui feroit dix-huit pièces pour chaque côté ; enfin les caſernes voûtées ſix : ce qui fait un total de cent quinze pièces. Quand on ſe borneroit à attaquer un ſeul angle du quarré, il faudroit encore embraſſer deux côtés. Les batte-ries de l'aſſiégeant, dans ce cas même, auront donc affaire à deux cens trente pièces de canons, tirant bien à couvert : ayant tous les moyens poſſibles d'ajuſter leur feu, de manière que tous les coups portent. Il n'y a pas un ſeul point dans toute la parallèle où l'ennemi peut établir ſes batteries à droite & à gauche de la capitale de l'angle atta-qué, qui ne ſoit battu de plus de cent pièces de canons, dont le feu ne peut être ni éteint, ni même rallenti, ſans compter les cent pièces au moins, qu'on peut établir ſur les remparts des cavaliers & du couvreface général, leſquelles, quoique découvertes, n'auroient point à craindre d'être démontées par les batteries ennemies. Les

batteries couvertes, non-feulement ne leur laifferoient pas tirer un feul coup, mais même ne les
laifferoient pas établir. Ce feroit donc, pour les
deux fronts, deux cens pièces à ajouter aux deux
cens trente contenues dans les batteries couvertes ; ce qui feroit un total de quatre cens trente
pièces. Par quel moyen furmonter des forces
pareilles ? Mille pièces de canons amenées devant
un tel fort n'y pourroient rien faire ; elles ne
pourroient jamais être mifes en batterie. Une
artillerie nombreufe toute placée, & placée fous
des voûtes, derrière des murs de fix pieds d'épaiffeur, n'eft attaquable par aucun moyen poffible.

On ne manquera pas fans doute de nous ob-
jeƈter la dépenfe qu'une artillerie auffi nombreufe
occafionneroit. Elle feroit en effet confidérable,
fi ces pièces étoient de fonte de cuivre ; mais
elles doivent être toutes de fonte de fer : il n'en
faut point d'autres. Il y a déjà long tems que tous
les vaiffeaux du Roi font armés de canons de ce
métal ; & lorfqu'on voudra en perfeƈtionner la
fabrique, ces fortes de canons feront fupérieurs,
à tous égards, à ceux de fonte de cuivre. Nous en
avons indiqué les moyens dans un Mémoire, qui

fe

ſe trouve imprimé dans le Volume des Mémoires
de l'Académie des Sciences pour l'année 1759,
page 358; mais tels qu'ils ſont les inconvéniens
que peuvent avoir des canons de mauvaiſe qualité de ce métal, ſont bien moins de conſé-
quence dans une place que dans un vaiſſeau, &
ce qui eſt bon pour l'un, doit être très-bon pour
l'autre.

Les canons de fonte de cuivre, ſont du prix
de deux cens à deux cens cinquante livres le
quintal ou cent peſant. Ceux de fonte de fer de
gros calibre, n'en coûtoient que trente, dans le
tems même où il n'y avoit que peu de forges &
peu d'ouvriers capables de les fabriquer; mais
ces mêmes canons n'en coûtent plus que quinze,
rendus au port de Rochefort. Depuis que nous
avons entrepris, il y a vingt-cinq ans, en
Angoumois de nouveaux établiſſemens dans ce
genre, & que ces établiſſemens ont eu le plus
grand ſuccès, il en a réſulté cette grande différence dans le prix. On peut avoir aujourd'hui,
au moyen de ces belles forges, conſtruites
par nos ſoins, mille pièces de canons en moins
de tems qu'il n'en falloit pour en avoir cin-

quante (1) , & pour la moitié du prix qu'elles coûtoient précédemment ; ainſi le quintal de fer étant à quinze livres, il ſuit qu'on aura douze à treize pièces de canons de ce métal, pour une de fonte de cuivre.

Dans les proportions établies par M. de Vauban, il fixe à quatre-vingt pièces l'artillerie de l'octogone : à cent vingt pièces celle du dodécagone. Pour le même prix, l'on pourroit donc avoir neuf cens ſoixante pièces de fer pour l'une, & mille quatre cens quarante pièces pour l'autre. Mais de telles quantités ne ſont pas néceſſaires ; avec trois à quatre cens pièces de canons, dans les plus conſidérables de nos places, elles en ſeront abondamment pourvues, d'autant plus que l'artillerie de l'ennemi n'en pourra plus diminuer le nombre. Cette dépenſe ſera donc encore fort au-deſſous de celle qu'on eſt en uſage de

---

(1) *N. B.* La ſeule forge de Ruelle, que nous avons bâtie ſur la rivière de Touvre, près d'Angoulême, à la place d'une ancienne Papeterie, pourroit fabriquer tous les ans, plus de ſix cens pièces de canons déterminées ſur un calibre moyen, entre ceux de huit & ceux de vingt-quatre.

Mgr le Comte d'Artois l'avoit acquis de nous en 1774 ; mais ce Prince l'a cédée depuis au Roi, qui l'a jugée indiſpenſablement néceſſaire au ſervice de ſa Marine.

faire. Le tems ne pourra même rien fur des canons de fer qui ne feront plus expofés à fes injures fur des remparts ; & le plus petit foin pourra les garantir de la rouille. Il fuffira de tenir gras l'intérieur de l'ame des pièces ; de cette façon , le diamètre des calibres reftera au même point , & les pièces , au bout de cent ans , vaudront celles nouvellement fabriquées. Rien ne s'oppofe donc à ce qu'on en fourniffe les places autant qu'il fera néceffaire , pour profiter de tout l'avantage de ces conftructions fi favorables aux grands effets de l'artillerie. Il faut en général pourvoir les places de guerre, ou n'en point avoir. L'on aura d'autant plus de facilité à remplir cette obligation , dans les méthodes que nous propofons , que toutes les dépenfes font fort au-deffous de celles qu'on a été jufqu'à préfent dans l'obligation de faire.

Ayant fait connoître le prodigieux effet de la nouvelle difpofition des cafemates de ce fort , nous en avons fans doute expliqué les parties les plus effentielles. Des Plans & profils faits avec autant de foins , s'entendent , pour ainfi dire , d'eux-mêmes ; cependant nous croyons indifpenfable d'entrer encore dans quelques autres détails. Ces méthodes s'écartant beaucoup de celles avec lesquelles on est depuis long tems familiarisé, demandent quelques secours. Ils sont indispensables même pour certaines personnes peu versées dans ces sortes de matières : & pour les autres, ils leur serviront du moins à y mettre moins d'application pour en concevoir tous les rapports.

Planche xx.
Fig. 1re.

La *fig*. 1 , Planche xx , est une coupe avec perspective sur la ligne *AB* du Plan , qui fait voir d'abord l'intérieur des cazernes casematées de l'angle rentrant, leur élévation , celle de la petite tour angulaire , la coupe de la pièce casematée qui la couvre , formant un autre corps de cazernes : l'élévation de la grande casemate à trois batteries de canon , formant le retour revêtu des grands cavaliers casematés. On en voit le Plan, Planche XIX, en fondation & à vue d'oiseau au front n° 1 & n° 2 ; & Planche XXI , *fig*. 11 , le Plan au niveau du plancher , de la troisième batterie.

Suivant toujours la même ligne de profil *AB*, elle coupe le couvreface intérieur tout en terre, ensuite le grand mur casematé séparant le fossé sec d'avec le fossé plein d'eau; ce mur est ici plus considérable,

& dans des proportions bien plus avantageuſes que nous ne l'avons vu, première Partie, Planche XI, & ci-deſſus, Planche XIII : il eſt ici à deux batteries de canon & deux de fuſiliers couvertes. On en trouvera de plus grands détails, & ſur une plus grande échelle, Planche XXI, *fig.* 12, 13 & 14. On peut voir au Plan en fondation, Planche XIX, que chaque batterie eſt de trente-cinq pièces de canon, ce qui fait ſoixante-dix pièces pour les deux du même côté, & cent vingt-huit pièces pour les deux côtés qui compoſent chaque front. Il eſt facile de voir par la direction des feux, & par l'eſpace qu'occupe chaque pièce, qu'un pareil mur ne peut point être battu en brèche; que c'eſt au contraire de ce mur qu'on battera en brèche toute batterie qu'on tentera d'établir devant lui; & comme le feu de ſon artillerie ſera toujours puiſſamment ſecondé par celui de la caponnière caſematée, par les batteries hautes du cavalier, ainſi que de la pièce en avant de la tour, il en réſulte une impoſſibilité phyſique d'établir une batterie ſur le couvreface qui puiſſe tirer un ſeul coup de canon contre ce mur. Nous comptons que le toiſé de ce mur à double batterie ne ſera

pas d'un quart plus fort que celui des exemples
fuivans, & comme, malgré fon furhauffement,
il a été tenu encore trois pieds plus bas que la
crête du parapet du couvreface général, il s'en-
fuit qu'il ne peut point être battu, même de la
campagne, & qu'il ne peut être expofé qu'à quelques coups perdus des batteries à ricochet, fi
tant eft que l'affiégeant puiffe en établir vis-à-vis
de toutes les batteries hautes, fi bien couvertes,
que ce fort a à lui oppofer ; mais bien plus, c'eft
qu'on demandera pour quel objet l'affiégeant éta-
bliroit des batteries à ricochet vis-à-vis d'un
pareil fort? car enfin ces fortes de batteries n'ont
jamais été imaginées que pour détruire l'artillerie
expofée fur les remparts des places, & dès qu'il
ne s'en trouve point ici, les batteries à ricochet
ne pourroient rien opérer, quand leur établiffement feroit poffible ; ce que nous penfons avoir
démontré ne l'être pas.

Planche xx. La même ligne de profil, continuant après
avoir coupé le grand mur cafematé, traverfe le
grand foffé & fait voir en élévation la caponnière
cafematée avec fes deux batteries baffes & fa batterie haute ; enfuite elle coupe le couvreface géné-

ral, dont la crête du parapet répond au cordon qui termine le haut de la feconde batterie de la caponnière cafematée, de manière que cette feconde batterie eft couverte, tandis qu'elle peut, au moyen d'un angle de tir vertical de huit à dix degrés d'élévation, tirer par-deffus le couvreface général tant qu'elle n'aura pas à diriger fes coups fur aucun objet en-dedans de ce même couvreface.

L'on voit enfuite, fur cette ligne, le petit foffé fec entre le couvreface & le petit mur bordant le foffé plein d'eau, & en perfpective les pièces cafematées de l'angle rentrant du couvreface & défendant fon foffé, qui paroiffent en fondation & à vue d'oifeau fur le Plan, Planche XIX ; on fentira bien, fans doute, que ces pièces qui préfentent une batterie couverte, de douze pièces de canon, pourroient être réduites à une feule arcade qui donneroit encore fix pièces très-fuffifantes (lorfqu'elles ne peuvent point être éteintes) pour la défenfe de cet avant-foffé.

Enfin cette ligne finit par couper le glacis. La perfpective a été obfervée derrière la coupe de ce glacis, de manière à faire voir en élévation les divers ouvrages qui doivent y paroître, afin qu'on puiffe connoître la hauteur relative & diftinguer les parties des remparts qui feront vues de dehors d'avec celles qui ne le font pas.

La *fig.* 2 , même Planche xx , eft une coupe fur la ligne *C D* du Plan ; elle fait voir les communications hautes & baffes pratiquées fous le cavalier : elle fait voir de même l'intérieur de la caponnière cafematée coupée dans fa longueur , fes différentes voûtes hautes & baffes , les tuyaux des cheminées conduifant la fumée des amorces de la batterie d'enbas reçue dans fes manteaux jufqu'au haut des voûtes où elle trouve fes iffues ; mais cette coupe fait voir encore , d'abord en perfpective , enfuite en coupe fur fa capitale , un couvreface de maçonnerie cafematé que nous avons ajouté ici en avant de la caponnière par une furabondance de moyens de défenfe , mais bien plutôt pour fervir de magafins & de cazernes, en fermant d'un fimple mur le devant des arcades que nous avons laiffées ouvertes dans ce deffin. Il faut, autant qu'il eft poffible, que les bâtimens néceffaires à loger la garnifon, foient en même tems utiles à la défenfe de la Place , tant parce qu'ils font fort coûteux , que parce que le foldat

ne

ne peut repofer tranquillement dans des bâtimens
continuellement traverfés par les boulets & les
bombes des affiégeans. Nous comptons que les
cafernes de cette efpèce, qui font au Neuf-Brifac,
ont plus de fix cens toifes courantes d'étendue,
& quatre mille quatre à cinq cens toifes quarrées
de bâtimens, qui ne peuvent avoir été conftruits
qu'avec des dépenfes confidérables, & qui feroient
de peu d'utilité en cas de fiége. Celles que nous
avons placées ici, en forme de couvreface de la
caponnière, ont encore l'avantage de tenir une
partie de la garnifon logée en-dehors du grand
foffé, dans l'enceinte extérieure. Cette pièce ne
doit point entrer dans le toifé de ce qu'on appelle
la fortification d'un front, fi l'on veut faire des com-
paraifons exactes, puifque la défenfe de la place
peut s'en paffer, & que fa véritable utilité eft pour
des cafernes & des magafins, placés-là feulement
pour être encore plus utiles, en rempliffant plufieurs objets.

Les ponts communiquant du corps de la place,
ou du cavalier cafematé à la caponnière cafematée, & de cette caponnière au couvreface général,
tels qu'ils font exprimés fur le Plan & fur cette

Tome II. I i

coupe, ne font que des ponts de commodité; ils ne
difpenfent point des communications couvertes,
femblables à celles qui fe voient fur le même
Plan, allant du couvreface général à la lunette de
l'angle rentrant : ces communications doivent
être pratiquées, favoir, depuis la poterne du cavalier cafematé jufqu'à la caponnière cafematée, fous
le pont de bois exiftant fur le deffin ; de là allant
de droite & de gauche le long des murs de la
gorge de la caponnière cafematée, enfuite le long
de fes faces jufques vis-à-vis l'angle rentrant du
couvreface général, où elles doivent aboutir des
deux côtés, après avoir traverfé le foffé de la
caponnière. Les portes des éclufes, deftinées à
inonder ces communications, font cenfées devoir
être placées à droite & à gauche de la poterne
fous le cavalier, avec d'autres portes placées à
l'entrée de la caponnière cafematée ; de manière
que depuis ces dernières portes jufqu'au couvreface général, ces communications puiffent être
tenues pleines d'eau; tandis que celles allant de
la même caponnière au cavalier cafematé, reftera
à fec. S'il falloit tout exprimer dans les deffins,
les détails feroient infinis. L'exemple des com-

munications couvertes une fois donné , doit
fuffire pour en faire facilement l'application à
tous les cas ; & nous efpérons qu'on ne nous fera
pas un reproche de n'avoir pas toujours répété
par-tout ce qui a été une fois fuffifamment détaillé. C'eft ainfi que nous n'avons pas exprimé
par-tout les volets des embrafures , ni la forme
exacte de ces mêmes embrafures ; de même des
épaiffeurs des murs qui n'ont pas toujours été
obfervées , dans les gravures , fuivant les dimenfions que nous leur avons fixé dans l'ouvrage.
C'eft à ces dimenfions qu'il faut s'en rapporter ,
& prendre pour exemple les deffins où elles ont
été exactement fuivies.

La *fig.* 3 fur la ligne *E F*, eft une élévation de
toute la partie de ce fort, comprife entre les deux
tours placées dans les rentrans. Il fe trouve dans
cette élévation , le cavalier cafematé avec fes
flancs & une partie de chaque côté du grand mur
cafematé. On y voit, d'une manière bien fenfible,
les deux batteries inférieures , & la troifième batterie couverte , qui domine par-deffus les autres
dans la campagne , la crête du parapet du cavalier étant encore au-deffus ; mais la ligne de ce

Planche xx.
Fig. 3.

profil étant continuée dans la direction du foffé, coupe perpendiculairement la caponnière cafematée, afin d'en faire voir l'intérieur dans fa largeur, après l'avoir montré dans la précédente figure dans fa longueur. Nous avons déjà indiqué ci-deffus ce qui devoit être principalement remarqué dans la compofition de cette pièce, relativement fur-tout aux chaffis à volets, dont toutes les embrafures font garnies. Les manteaux pour la direction de la fumée des amorces, paroiffent coupés ici avec une inclinaifon, telle qu'elle eft néceffaire pour conduire la fumée dans les cheminées, & ces cheminées fe préfentent dans un fens oppofé à celui qu'elles ont eu, *fig.* 2. Ce deffin offre, d'une manière très-fenfible, toutes les différentes parties qui y font repréfentées ; il préfente à la fois & l'élévation du fort, & la coupe de la caponnière cafematée.

Fig. 4. La *fig.* 4 fur la ligne *G H*, coupe le cavalier cafematé, de manière à faire voir fes communi-cations ou poternes hautes & baffes, ainfi que les efcaliers de droite & de gauche qui y condui-fent. Cette ligne coupe enfuite la cafemate pla-cée dans le retour du cavalier ; ce qui fait voir les deux batteries baſſes & la batterie haute de cette pièce , & dans le retour , l'élévation des arcades de la galerie tournante , avec le rempart qui y communique. De-là, cette ligne ſe replie pour aller paſſer d'abord dans le foſſé ſec , le long du grand mur caſematé , en dehors ; de manière à faire voir l'élévation de la face inté‑rieure de trois arcades de ce mur ; enſuite elle en fait voir deux autres en coupe , paſſant par le milieu des lunettes pratiquées dans chaque pilier. Toutes ces arcades étant ouvertes , on a choiſi cette vue intérieure pour y repréſenter en face les chaſſis & les volets de bois adaptés à chaque embraſure , ils y paroiſſent aſſez diſtincte‑ment malgré la petiteſſe de l'échelle. On ſent bien que ces volets euſſent dû être également repréſentés dans la coupe , ſuivant la longueur de la caponnière caſematée , *fig.* 2 , ainſi que dans la vue intérieure de ſon couvreface ; ils euſſent dû auſſi être repréſentés coupés au grand mur caſematé , *fig.* 1. Mais on a cru devoir ſe borner à les montrer placés dans quelques endroits qui ſuffiront pour indiquer les autres. Ces deſſins ont tant de détails à exprimer , qu'on eſt forcé de fupprimer tout ce qui n'eft pas abfolument néceffaire.

Fig. 5. La *fig.* 5 fur la ligne *IK*, fait voir l'élévation de la petite caponnière défendant le foffé intérieur ; enfuite elle paffe par le milieu d'un des efcaliers de communication du cavalier, & va couper la cafemate de courtine, pour en faire connoître les proportions.

Fig. 6. La *fig.* 6 fur la ligne *LM*, coupe le parapet du cavalier cafematé au-deffus du flanc : fait voir le rempart qui règne le long de la troifième batterie couverte : coupe le flanc cafematé en entier, qui repréfente exactement la moitié de la caponnière cafematée. C'eft abfolument la même difpofition de toutes les parties de cette pièce deftinée à défendre, d'une manière fi puiffante, la face de la caponnière. L'on voit enfuite obliquement le mur de face des cafemates de la courtine ; & enfin l'élévation d'une petite partie de la caponnière cafematée, dont on voit deux embrafures qui indiquent feulement l'emplacement de cette pièce.

Fig. 7. La *fig.* 7 fur la ligne *NO*, coupe d'abord le petit réduit de la place d'armes retranchée de

l'angle rentrant du couvreface général ; enfuite
le parapet de cette pièce, & traverfant fon foffé,
fait voir en élévation la cafemate à double arcade
& à double batterie de canons qui la défend ; à
l'extrêmité de cette cafemate, paroît en élévation
le petit mur qui fe trouve au bas du couvreface
général, & dont on a vu la coupe *fig.* 1.

La Planche xxi contient encore deux lignes de
profil. La *fig.* 8 fur la ligne *P Q*, fait voir d'abord
l'élévation du couvreface de la cafemate repréfentée *fig.* 2, Planche xx ; enfuite la coupe de cette
même pièce. Elle montre de même la coupe de
la dernière arcade de la cafemate de l'angle rentrant du couvreface général, pour de-là, traverfant fon foffé, aller couper la cafemate de l'aîle
de la place d'armes retranchée, dont la figure
précédente a montré l'élévation.

Enfin la *fig.* 9, Planche xxi, eft une coupe fur
la ligne *R S*, traverfant la poterne, qui va du
couvreface général aux deux cafemates de douze
pièces de canons chacune, qui flanquent & défendent le foffé de ce couvreface. Elle fuit la
direction du pont pour y faire voir une communication couverte, femblable à celle qui a été

Planche xxi.
Fig. 8.

Fig. 9.

exprimée, Planches x & xi de la première Partie, & dont la defcription fe trouve pages 185 &
186, ce qui nous difpenfe de la répéter ici. Cette
ligne paffant enfuite au milieu du réduit de cette
place d'armes, en fait voir la conftruction entiérement femblable auffi à celle exprimée Planche x de la première Partie.

Fig. 10 & 11.

Les *figures* 10 & 11 de cette même Planche,
font des Plans particuliers d'un cavalier cafematé
revêtu fur toutes fes faces, moyennant une galerie voûtée qui en fait le tour du côté de la place;
ce qui rend chacun de ces cavaliers, de petits
forts totalement ifolés, capables d'une défenfe
particulière très-embarraffante pour l'ennemi,
qui ne pourroit faire un pas dans l'intérieur d'un
pareil fort, qu'à la faveur de nouvelles attaques
fecondées par de nouvelles batteries; ainfi les
obftacles étant fans nombre, doivent être repu-
tées infurmontables. La *fig.* 10 eft le plan à vue
d'oifeau du cavalier. La *fig.* 11 repréfente, dans
fa partie intérieure, le Plan du cavalier en fondation; & dans l'autre, le Plan de cette même
pièce à la hauteur du plancher des batteries élevées, où l'on a fait voir également celle de la
caponnière

caponnière casematée. L'on a donc, par ces deux derniers deffins, tout le détail qu'il eft poffible de donner fur ces fortes de pièces, auffi neuves, on peut le dire, qu'elles font avantageufes à la défenfe.

Mais nous efpérons que les développemens que nous allons donner plus en grand, de ce que nous avons appellé le grand mur cafematé, ne feront pas moins intéreffans.

Les *fig.* 12, 13 & 14, Planche XXI, font un *Fig.* 12, 13 & 14. Plan & deux coupes à fens différens, d'une arcade de ce mur & partie des deux qui la touchent. La première de ces figures, qui eft le plan, fait voir la difpofition des embrafures & leur direction qui eft fuppofée, dans cet exemple, devoir être droite, ainfi qu'elles peuvent l'être, fur-tout dans les arcades qui s'éloignent de l'angle flanqué. On a vu ci-deffus, aux pages 229 & 230, & Planche XVIII *fig.* 19 & 20, jufqu'à quel point *Fig.* 19 & 20. on peut les rendre obliques ; ces embrafures droites, ouvertes feulement pour un angle de tir de dix degrés, le font autant qu'il eft néceffaire pour l'objet qu'elles ont à remplir. On voit qu'en y comprenant la moitié de l'épaiffeur de chaque pilier foutenant les voûtes, vingt-fept pieds cou-

Tome II. K k

rans contiennent trois pièces de canon, par conféquent neuf toifes fix pièces & fix pour la batterie
fupérieure ; cela fait douze pièces de canon dans
un efpace de neuf toifes qui ne peut contenir que
trois pièces d'une batterie en brêche, telle que
l'affiégeant les conftruit en fauciffons fur la crête
des ouvrages. On fait qu'elles font efpacées au
plus près à trois toifes de diftance les unes des
autres ; de manière qu'en ne fuppofant la protec-
tion d'aucun feu croifé, de quelque part qu'il
puiffe venir, un mur difpofé de cette façon eft
en état, lui feul, de détruire toute batterie qu'on
voudroit établir devant lui pour le battre en
brêche ; & il n'eft pas poffible de former aucun
doute fur ce que nous avançons pofitivement
ici ; car outre les quatre pièces contre une que
ce mur peut oppofer, c'eft qu'au moyen des
volets dont fes embrafures font garnies , les
canonniers font parfaitement couverts & du feu
de la moufqueterie & du feu du canon , tandis
que ceux de l'affiégeant font expofés à ces deux
moyens de deftruction , d'autant plus dangereux, que ces feux font dirigés à loifir & fans
aucun rifque pour ceux chargés de les exécuter.

La coupe sur la longueur de ce mur, *fig.* 13,
fait voir en élévation, à chacun des étages, les
trois embrasures par chaque arcade, avec la disposition des chassis recevant les volets. On n'a pas
jugé nécessaire de marquer ici les boulons & les
échantignoles, au moyen desquels on peut facilement & très-promptement changer les volets,
en cas qu'il pût y en avoir quelqu'un de brisé,
parce que cette méchanique simple a été suffisam-
ment développée au moyen des *fig.* 5 & 6, Planche XVII ; mais on voit que les chassis même &
tout l'ensemble de cette construction peuvent se
placer & se déplacer très-facilement par le moyen
de quelques boulons à écrou, disposition on ne
peut plus nécessaire, tant pour pouvoir réparer
promptement le désordre qui pourroit arriver que
pour pouvoir, avec un travail peu considérable,
garnir au besoin les embrasures des casemates de
ses différens attirails ; car nous avons bien compté
qu'on n'en auroit en magasin que ce qui seroit nécessaire pour garnir seulement les côtés de l'attaque
& un certain nombre de plus pour les changemens
nécessaires. Nous nous sommes attachés à simpli-
fier la composition de ces sortes de volets, dans des

vues d'économie & uniquement pour n'être pas obligés d'en garnir à demeure toutes les embrafures des places.

Fig. 14: La *fig.* 14 enfin eſt une coupe perpendiculaire à la longueur de ce mur caſematé, qui fait voir les embraſures dans le ſens vertical, ainſi que les crénaux des fuſiliers. L'on a marqué les angles du tir, tant au-deſſus qu'au-deſſous de la ligne horiſontale, par où l'on voit que la batterie baſſe, ſuivant l'ouverture qu'on a donnée à ſon embraſure, pouvant tirer à dix & onze degrés d'élevation, le boulet, ſuivant cet angle, ſera donc élevé de près de trente pieds lorſqu'il ſera parvenu à vingt-cinq toiſes de ſon embraſure, qui eſt la diſtance de la crête du parapet du couvreface: & par conſéquent cette batterie battra à fouet de bas en haut celle qu'on voudroit établir devant elle, tandis que la batterie ſupérieure du même mur la battra dans une direction plus directe. L'on voit encore dans cette figure qu'au moyen de la faillie donnée aux piliers ſupportant les voûtes, on peut y placer un plancher de poutrelles qui ſe trouvera à quatre pieds & demi du deſſus de la voûte, de façon qu'en garniſſant de ſacs-à-

terre le deſſus de ces voûtes, comme on en garnit
tous les parapets, on y pourra placer un rang
de fuſiliers, ce qui fera trois rang de fuſiliers &
deux batteries de canons, qui tireront à bout
touchant ſur les travailleurs occupés à la conſtruction de la batterie oppoſée, ſans compter
tous les coups obliques qui peuvent être dirigés
de toutes parts ſur ce même point. On ne ſait
donc ſur quoi l'on pourroit ſe fonder pour ſoutenir la poſſibilité d'une batterie vis-à-vis d'un
pareil mur, & encore moins prétendre que cette
batterie y pourroit prendre une ſupériorité, telle
qu'il feroit néceſſaire qu'elle l'eût, pour parvenir
à détruire un tel mur.

Nous croyons donc pouvoir dire d'une manière
poſitive, qu'une pareille place, avec ſeulement
douze-cens hommes de garniſon, ſi elle eſt
ſuffiſamment pourvue de munitions de guerre &
de bouche, ſera capable d'une réſiſtance ſupérieure à toutes les forces qu'on pourroit réunir
contre elle. Elle n'eſt cependant, par ſon étendue,
que dans le dernier ordre des places de guerre;
elle ne repréſente qu'un quarré baſtionné de cent
quatre-vingt toiſes de côté, capable ſeulement

de tenir quinze jours de tranchée ouverte ou trois
femaines, s'il eft défendu avec un courage que
nous qualifierons de furnaturel. Pourquoi cette
dénomination ? C'eft que dans la conftruction
du quarré baftionné, il n'y a pas un feul endroit
qui ne foit à tout moment labouré par les boulets ou renverfé par les bombes ; que le feu y eft
à-la-fois de tous les côtés ; qu'on ne peut ni y
manger ni y dormir en repos ; & comme la valeur
ne peut s'exercer qu'autant que les forces du
corps y peuvent répondre, des foldats morts de
laffitude, fuffent-ils autant de Céfars, ne feroient
capables de rien. C'eft cependant à quoi ils font
expofés dans toutes les places. Il n'y a que les
grandes villes & les groffes garnifons, dont on
doive attendre quelque défenfe. On ne peut rien
attendre des petites places dans les fyftêmes adoptés : cependant elles coûtent beaucoup à conftruire & beaucoup à entretenir ; & s'il étoit vrai
que le fort dont nous venons de nous occuper
fût impoffible à prendre, ne devroit-on pas en
conftruire de femblables, quelque dépenfe qu'ils
puffent occafionner, ou n'en point avoir du tout ?
Mais nous affurons que ce fort coûtera moins

qu'un quarré baftionné de cent quatre-vingt
toifes de côté, dans de bonnes proportions, fans
être même les plus grandes de cette manière de
fortifier. Nous n'entendons donc pas prendre
pour objet de comparaifon les grands remparts,
mais feulement des places à remparts de trente
pieds de hauteur, depuis l'arrafement de la fondation jufqu'au cordon. De ces remparts qui
donnent, compris les fondations fuppofées à
trois pieds de profondeur & le revêtement du
parapet, dix toifes cubes de maçonnerie par toife
courante, avec tenailles, demi-lunes, réduits &
poternes d'ufage ; & nous difons que chaque
front baftionné de cette nature, fans aucun ouvrage extérieur, contient cinq mille deux à trois
cens toifes cubes de maçonnerie, fans y comprendre non plus aucun bâtiment civil ; ce qui
fait pour quatre fronts vingt-une mille toifes
cubes de maçonnerie ; à quoi ajoutant feulement quatre contre-gardes, avec huit places
d'armes retranchées pour former une feconde
enceinte, on trouveroit encore fix mille cinq
cens à fept mille toifes cubes de maçonnerie ;
ainfi le total du quarré baftionné, avec fes con-

tre-gardes, formera un ensemble de vingt-huit mille toises cubes de maçonnerie. La citadelle de Lille, qui n'est qu'un pentagone sans contre-gardes, avec seulement six lunettes revêtues, placées entre le chemin couvert & l'avant-chemin couvert, suivant son toisé, ne contient pas moins de trente-cinq mille toises cubes de maçonnerie, sans y comprendre aucun bâtiment civil.

Nous avons fait le toisé exact de toute la maçonnerie d'un côté de notre Fort Royal, sans y comprendre le couvreface général, & nous l'avons trouvé contenir 3840 toises 5 pieds 7 pouces cubes de maçonnerie, ce qui fait pour les quatre côtés . . . . . 15363^{toises}4^{pieds}4^{pouces}

Un côté du couvreface général peut être réduit, en l'affoiblissant peu, à 800 toises cubes; mais son toisé dans les proportions, telles qu'elles sont sur le Plan, monteroit à 1012, & pour les quatre côtés, à 4048, ci 4048

Total de ce Fort . . . 19411^{toises}4^{pieds}4^{pouces}

D'où

D'où l'on voit que le quarré baftionné, n'ayant
que fon enceinte baftionnée avec fon chemin
couvert, contient 21000 toifes cubes de maçonnerie, tandis que notre Fort, fans fon couvreface
général, ne le fuppofant qu'avec un fimple chemin couvert auffi, n'en contient pas 15400;
différence 5600 toifes & plus à l'avantage du
dernier.

De même le quarré baftionné avec la feconde
enceinte, contient 28000 toifes cubes, & notre
Fort, avec fon couvreface général, n'en contient
que 19411. Il en contient donc 8589 de moins;
mais comme dans le toifé du quarré baftionné il
ne s'y trouve de compris, d'autres fouterrains
que des poternes de communication, il réfulte
que le logement des troupes, les magafins à
poudre, ceux aux vivres & aux arcenaux d'armes
reftent à établir en entier, dans des bâtimens
civils, qui font un objet de dépenfe confidérable: tandis que dans notre Fort, la plus grande
partie de ces objets eft remplie par tous nos fouterrains, & d'une manière bien plus avantageufe,
puifque tout ce qu'on y placera, n'aura rien à
craindre ni des boulets ni des bombes; de manière

qu'en cas de fiége , on pourroit n'occuper que
ces feuls fouterrains qui font très-confidérables.
Nous avons fait le calcul de la fuperficie des
emplacemens qui fe trouvent fous les voûtes
dans les différens étages , & nous avons trouvé
qu'ils font de 10664 toifes quarrées : étendue
affez grande pour que toute la garnifon avec fes
approvifionnemens pour un an , n'en occupât
pas la moitié. Le refte pourroit être employé au
befoin , pour loger des grains , pour la fubfiftances des armées ; il y pourroit contenir plus
de 200,000 feptiers de farines ; ce qui fait la fubfiftance de 80000 hommes pendant plus de quatre
mois. On peut juger , par-là , de quelle reffource
une pareille Forterefle feroit dans le voifinage
des armées (1).

(1) *N. B.* Nous prévoyons qu'on fera tenté de ne nous pas croire
fur notre parole , lorfque nous ne faifons monter le toifé d'un pareil
Fort, qu'à 15363 toifes 4 pieds 4 pouces cubes de maçonnerie , fans fon
couvreface général, & à 19411 toifes avec ce même couvreface.

Pour diffiper ces doutes , que ne nous eft-il poffible de donner ici tout
au long le toifé de ce Fort! mais il riendroit à lui feul, la moitié du
Volume. On en rapportera feulement la Récapitulation fuffifante pour
la vérification des calculs que nous ferions fort aifes qu'on voulût faire.

RÉCAPITULATION

Des différens Articles contenus au toisé d'un des côtés du quarré appellé Fort Royal.

N° 1. Une caponnière casematée à trois arcades , défendant les deux côtés du grand fossé, avec chacune trois batteries de canons couvertes, cube en maçonnerie . . . . 690 toises 0 pied 9 pouces 3 lignes.

N° 2. Les deux flancs défendant les deux faces de la caponnière casematée, tenant au cavalier , composés chacun de trois grandes arcades, semblables à celles de la caponnière & d'une arcade en retour parallèle au grand fossé ; ce qui compose pour les deux flancs, huit arcades, qui, cubent 716   1   9   6

N° 3. Les deux parties biaises allant des deux flancs au mur de face du cavalier, composées chacune d'une grande & d'une petite arcade , cubent 207   2   0   0

N° 4. Les cinq petites arcades du mur de face du cavalier, cubent 285   1   8   3

N° 5. Les quatre grandes arcades du cavalier , battant de droite & de gauche , l'intervalle de chaque angle flanqué , contenant trois batteries de canons couvertes, les deux côtés pris ensemble composent huit arcades semblables , cubent. 617   3   0   0

N° 6. Le mur casematé , entre le fossé plein d'eau & le fossé sec, appellé le grand mur, à double batterie de canons couverte, dans les proportions qui ont été fixées ici , donne six toises cubes par toise courante. Il a 50 toises de lon-

	toises	pieds	pouces	ligne
de l'autre part	2516	3	3	0
gueur de chaque côté du cavalier, ce qui fait 100 toises, qui donnent en cube	600	0	0	0
N° 7. La petite caponnière casematée, défendant le cavalier du côté de l'intérieur de la Place cube	72	0	0	0
N° 8. La poterne traversant le cavalier cube	62	0	0	0
N° 9. L'escalier montant dans l'intérieur du cavalier cube	62	0	0	0
N° 10. Les casernes couvreface de la tour angulaire cubent	270	0	0	0
N° 11. Une tour angulaire pour chaque côté cube	100	0	0	0
N° 12. Les casernes casematées formant les angles rentrants du quarré, & défendant les fossés des côtés du cavalier cube	158	2	4	0
Total de la quantité de toises cubes de maçonnerie contenue dans le côté du quarré.	3.840	5	7	0

D'où il suit que les quatre côtés en contiendront .... $15363^{\text{toises}}\ 4^{\text{pieds}}\ 4^{\text{pouces}}\ 0^{\text{ligne}}$.

Un côté du couvreface général donne :

S A V O I R ,

La double casemate de chaque angle rentrant avec sa poterne cube 162 toises; il s'en trouve une à chaque angle, ce qui fait pour les deux .... $324^{\text{toises.}}$

Le mur séparant le fossé sec d'avec le fossé plein d'eau, est fixé d'un profil d'une toise & demie quarrée; ce mur a de longueur pour tout ce front 156 toises, ce qui donne en cube 384

ci-contre. . . . . 15363^{toises} 4^{pieds} 4^{pouces} 0$^{ligne.}$

ci-contre . . . . . . 708$^{toises.}$

Les cafemates des deux aîles
e chaque Place d'armes ren-
ante cube 152 toifes ; les deux
laces ont quatre cafemates, qui

bent 304

Total d'un côté du couvreface

énéral. . . . . 1012$^{toises.}$

Ainfi les quatre côtés de ce couvreface

onneront . . . . 4048 · 0 · 0 · 0

D'où il fuit que la totalité du Fort Royal

vec fon couvreface général, cube . . . . 19411^{toises} 4^{pieds} 4^{pouces} 0$^{ligne.}$

CHAPITRE SEPTIEME.

Des Polygones à Batteries de Rempart casematées.

LES conftructions que nous avons adoptées pour établir nos batteries hautes au *FORT ROYAL*, peuvent l'être également pour tous les polygones angulaires fuivant *notre fyftême*; mais alors elles donnent lieu à des enceintes de places de guerre du degré de force le plus élevé ; & de même que nous avons nommé *FORT ROYAL*, le plus refpectable de nos forts , nous nommons *LOUISVILLE*, la plus refpectable de nos villes de guerre, du nom chéri du Roi qui nous gouverne.

Cette fortereffe feroit en effet *inréduifible* par la force. On voit que les batteries hautes qui règnent fuivant les différentes directions de fes remparts , offriront de tous les côtés dans la campagne des feux auffi multipliés que dangereux : ces feux rendront impoffible l'établiffement des batteries, ainfi que les progrès des fappes ; & ce font , fans doute , de tels obftacles qu'on peut juftement qualifier d'obftacles infurmontables.

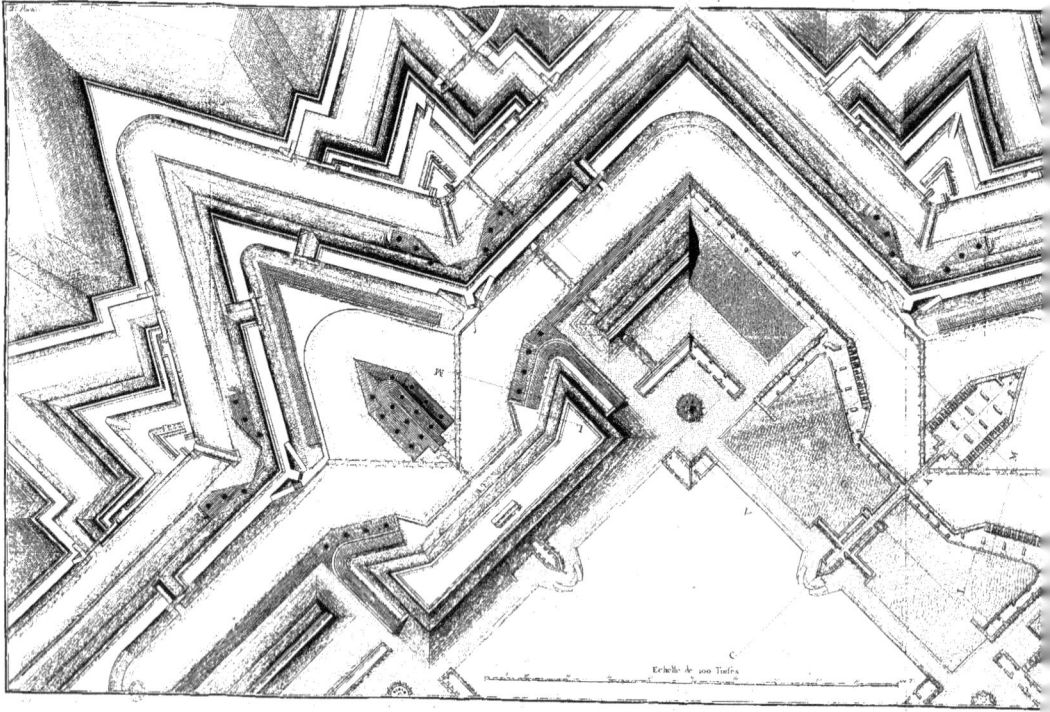

Echelle de 100 Toises

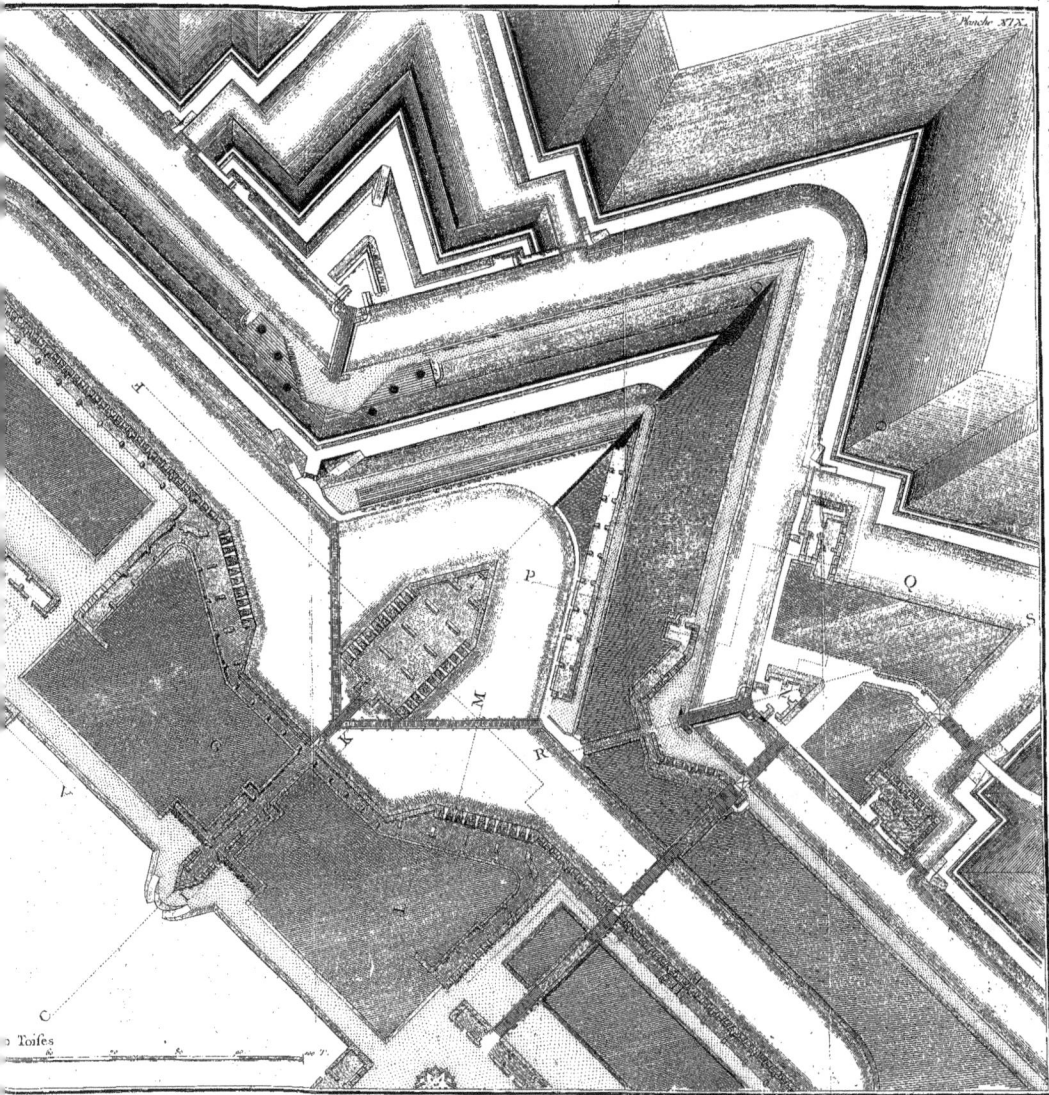

H

P

Q

S

M

K

R

G

L

C

Toises

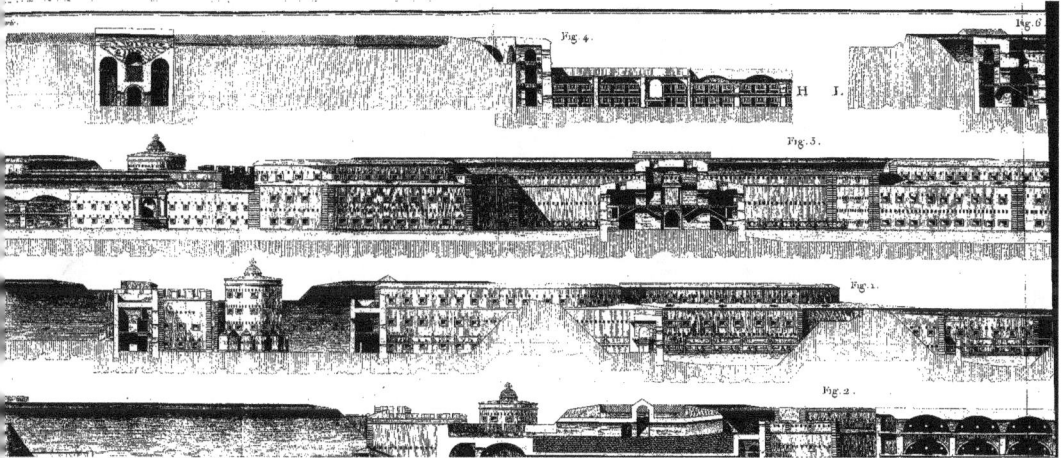

Fig. 4.

Fig. 6.

H   I

Fig. 3.

Fig. 1.

Fig. 2.

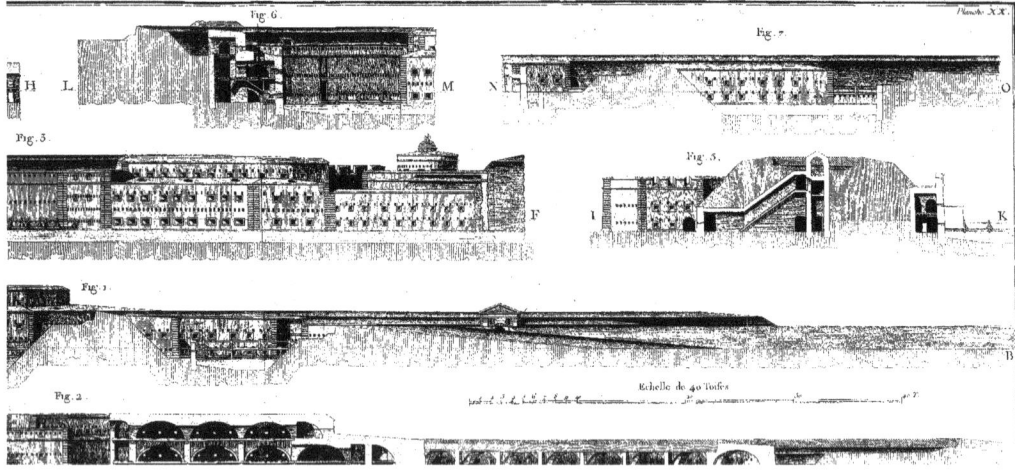

Fig. 6.

Fig. 7.

H L   M   N   O

Fig. 3.   Fig. 5.

F   I   K

Fig. 1.

B

Fig. 2.   Echelle de 40 Toises.

Fig. 10.

Echelle de 40 Toises commune aux Figures 10 et 11.

Fig. 11.

E

E

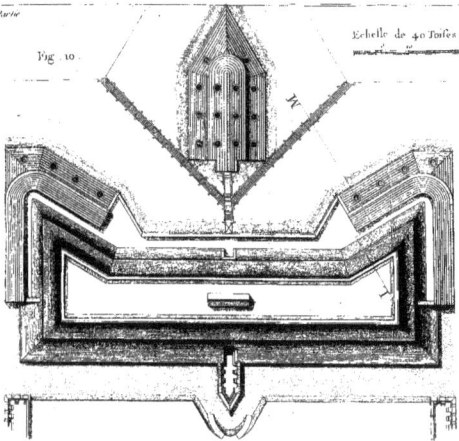

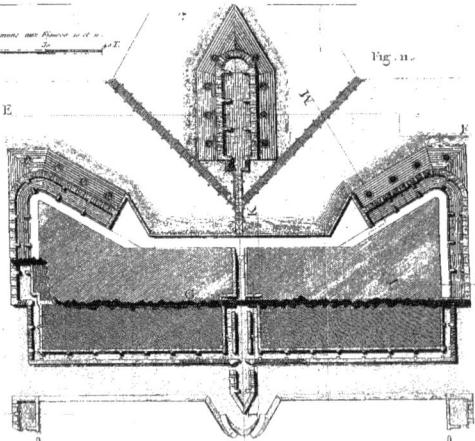

H
A

Fig. 8.

Fig. 9.

Fig. 11.

Fig. 14.

Fig. 13.

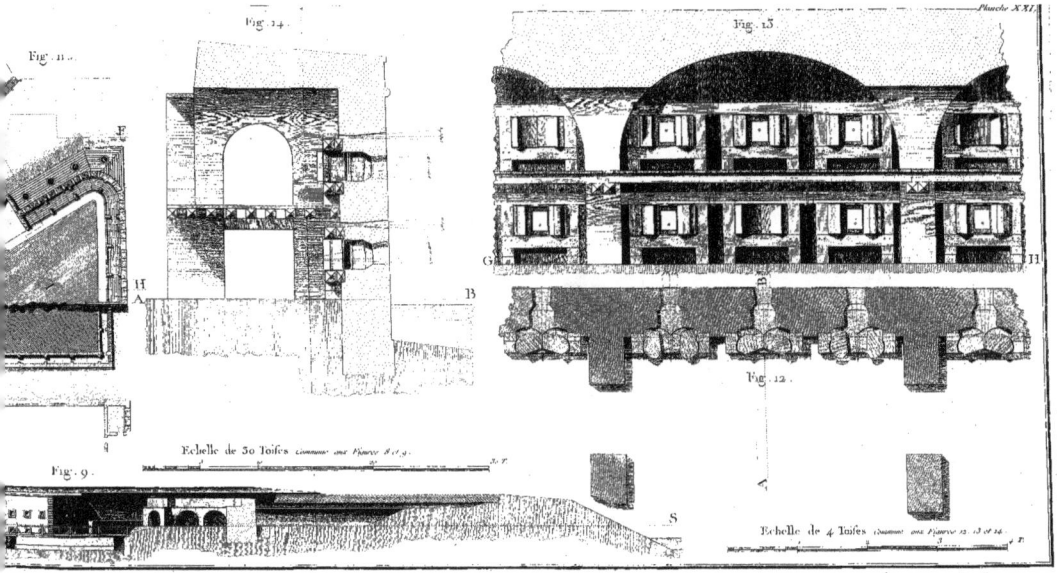

F

H

A   B

G   H

Fig. 12.

Echelle de 50 Toises commune aux Figures 8 et 9.

Fig. 9.

S

Echelle de 4 Toises commune aux Figures 12, 13 et 14.

LOUISVILLE.

Dodécagone angulaire de cent quatre-vingt toises de côté.

Nous n'avons point tracé l'enceinte entière de ce polygone à cause de son étendue ; nous en avons pris seulement un des côtés de cent quatre-vingt toises de longueur, & tracé les deux faillans *P* & *R*, Planche XXII, dont le dernier ne se trouve qu'en partie sur la Planche ; & il ne se trouve de même, en avant de ces angles, que partie du couvreface général. Nous avons réduit ainsi toutes ces pièces, pour ne pas faire une planche d'une grandeur trop embarrassante.

Planche XXII.

Les faillans exprimés sur cette Planche, se trouvent avoir des différences considérables avec ceux exprimés Planches X & XVIII du premier volume. Le rempart du corps de la place y forme un rentrant qui laisse la tour angulaire en-dehors de ce même rempart ; & de cette façon, les diverses pièces de chaque faillant, sont totalement détachées du grand rempart d'enceinte ; méthode encore plus avantageuse que la précédente, puisque ces pièces de l'intérieur des faillans font défendues en-dehors & en-dedans par des feux fi puiffans, qu'ils feroient capables de rafer les pièces même.

On s'appercevra bien fur le Plan, que le rempart d'enceinte du faillant *P.*, à fa première moitié jufqu'à la tour angulaire, exprimée à vue d'oifeau, & la feconde moitié coupée au niveau de la troifième batterie, qui fe trouve elle-même au niveau de fon rempart, tel qu'on le voit *fig.* 1, Planche XXIV, dont la partie couverte eft un plancher, quoique les Planches n'ayant pas été exprimées fur le Plan. Les trois embrafures de chaque arcade ne l'ont pas été non plus. Il eft facile d'y fuppléer, d'autant plus qu'elles ont été exprimées dans les batteries du même rempart, Planche XXIII, Plan N° 2. Ce grand rempart, continuant depuis l'angle rentrant *Q*, eft exprimé au niveau des foffés fecs, & fa tour angulaire eft moitié au rez de chauffée & moitié au premier étage. Le grand mur cafematé de cet angle *R*, eft auffi exprimé, une partie au rez de chauffée & une partie au premier étage. Les traverfes du couvreface général, font de même repréfentées à vue d'oifeau, au rez de chauffée, & au premier étage.

Enfin

Enfin le plan de la cafemate de l'angle rentrant du couvreface vis-à-vis l'angle Q, eft au niveau du foffé, ainfi que la place d'armes retranchée de la lunette, & une de fes cafemates défendant fon foffé.

On obfervera que les communications couvertes, traverfant le grand foffé & le foffé du couvreface général, font ici les mêmes que celles exprimées, Planche x du premier volume ; ce qui difpenfera d'en répéter ici & la conftruction & la manière dont on les peut tenir à fec ou inondées, fuivant que le befoin pourra l'exiger. (1)

(1) Voyez le 1er Volume, pag. 185, 86, 87 & 88.

Nous donnons, Planche XXIII, un feul faillant dans lequel il fe trouvera encore des différences. Le grand rempart y eft détaché du mur d'enveloppe, qui eft également à triple batterie cafematée, non pour ajouter par cet ifolement un degré de force de plus (ce que nous regardons comme fuperflu), mais pour que toutes les cafemates de ce rempart puiffent être auffi claires & auffi faines que des bâtimens civils de l'intérieur des villes. Nous y avons auffi augmenté la largeur dans œuvre du mur cafematé, bordant le

Planche XXIII.

Tome II. M m

foffé ; & nous avons laiffé plus d'efpace de ce mur au talut du couvreface, afin de faire voir comment ce même mur pourroit faire des cafer-nes très-commodes, tant pour les logemens des foldats, que pour les former en bataille lors des infpeâions des gardes montantes.

L'on fent qu'on peut ne faire qu'une partie de ces changemens & varier fes compofitions de diverfes manières, fuivant ce qu'on jugera devoir remplir mieux l'intention. On pourra également fuivre d'autres proportions, foit dans les hau-teurs, foit dans la largeur des pièces. Ce feroit multiplier les Plans fans néceffité, que d'en don-ner un plus grand nombre.

Planche XXIV. La Planche XXIV contient plufieurs lignes de profils, qui donnent, en les fuivant, l'intelli-gence des deux précédentes Planches. On obfer-vera que les *figures* Nᵒˢ 1, 2, 3, 4, 5, 6, 7 & 8, font relatives au Plan Nᵒ 1; & les *figures* Nᵒˢ 9, 10, 11, 12, 13, 14, 15, 3 & 8, le font au Plan Nᵒ 2 de la Planche XXIII. Les deux dernières *figures* 3 & 8, font communes aux deux Plans.

Les *figures* 2 & 3 font des profils fimples, où l'on n'a exprimé aucune pièce en prefpeâive, n'étant pas néceffaire à l'intelligence des deffins, après les exemples qu'on en a donnés. On y remarquera feulement que les foffés ne font approfondis que dans leur milieu ; qu'ils le font moins par leurs bords, afin de diminuer la hauteur du mur, féparant le foffé fec d'un côté, & celle du revêtement qu'on auroit à faire, de l'autre. On voit fur les Plans des Planches XXII & XXIII, ainfi que fur la Planche des profils XXIV, un exemple des revêtemens qu'on pourroit faire aux foffés pour tenir lieu de contrefcarpe, dans la vue de prévenir, par ces revêtemens, les dégradations que les eaux occafionnent fur des talus en terre ; & quoique l'entretien de ces talus pût être fait fans frais, en y employant quelques journées de travailleurs pris dans la garnifon, cependant on pourroit préférer des revêtemens qui ne demandent pas les mêmes foins, lorfque la conftruction de ces revêtemens n'eft pas un objet confidérable. C'eft le cas où font ceux exprimés fur cette Planche, qui ne donnent que deux tiers de toife cube de maçonnerie par toife courante ; & l'on pourroit facilement les réduire à une demi-toife cube, fans qu'ils en fuffent d'un moins bon ufage.

La *fig.* 2 fur la ligne *IK* , n'eft relative qu'au Plan N° 1 , Planche XXII. On a cependant tracé partie de cette ligne avec les mêmes lettres au Plan N° 2 , Planche XXIII, quoiqu'il diffère du Plan N° 1 , pour qu'on retrouve fur ce Plan la même ligne exprimée fur l'autre , & qu'on s'apperçoive plus facilement de la différence qu'il doit y avoir entre un profil fur cette ligne & celui fur la ligne *LM*, *fig.* 10 ; ce dernier pouvant exprimer , en perfpective , plufieurs pièces utiles à l'intelligence du Plan, qui ne pourroient être vues dans le premier.

On trouvera , dans les trois Planches dont il eft ici queftion , tous les développemens qu'on pourra defirer , tant en Plans qu'en profils & élévations de nos traverfes de maçonnerie , dont nous avons fait mention à l'occafion de la Planche XVIII du premier volume. Nous n'avons point encore employé ces fortes de traverfes fur les remparts des Plans précédens que nous avons donnés , les ayant réfervé pour celui où nous aurions à réunir les moyen de défenfe les plus puiffans. On peut les placer fur tous ; on verra même après les détails dans lefquels nous allons entrer, que ces fortes de traverfes feront, de bien peu, plus coûteufes que des fimples coupures revêtues; telles qu'elles ont été exprimées Planche XIX, fur le couvreface d'un des fronts du Fort Royal. La traverfe qui fe trouve ici fur la Planche XXII a fes développemens exprimés par les *figures* 4, 5, 6 & 7, Planche XXIV ; fon toifé, fuivant les dimenfions établies par fes Plans & profils, ne va qu'à quatre-vingt quinze toifes cubes de maçonnerie. L'on peut facilement diminuer encore cette quantité, en ne perdant que quelques avantages : en réduifant par exemple le fouterrain à fept pieds de hauteur fous plancher, ou en le fupprimant même tout-à-fait ; alors cette pièce pourroit être d'un même effet, quant à la défenfe, & ne donner, par fon toifé, que quarante-cinq à cinquante toifes cubes. Il y auroit, à la vérité, de grandes commodités de moins; car des fouterrains d'une certaine capacité fur des remparts, rempliffent bien des objets utiles ; & ce font ces juftes confidérations, qui nous ont déterminé à donner les dimenfions fixées fur les Plans.

La traverfe qui fe trouve Planche XXIII, dont

le Plan plus en grand fe voit Planche xxiv ,
fig. 12 , & le profil *figures* 13 , 14 & 15 , eft dans
des proportions encore plus avantageufes que la
précédente ; mais auffi telle qu'elle eft repréfentée dans ces figures , elle contient cent trente-
quatre toifes cubes de maçonnerie. Ce qu'elle a
d'avantageux , eft d'avoir une pièce de canon de
plus du côté de la campagne , moyennant le revêtement du mur du foffé où elle eft placée ; lequel
foffé pouvant facilement fe blinder , cette pièce
fera tout auffi couverte que les deux placées dans
la cafemate même. Cette traverfe a de plus que la
précédente , de forts éperons de maçonnerie à la
face extérieure , avec des épaiffeurs de mur dans
des proportions très-fortes , que nous penfons
qui pourroient être moindres d'un fixième , fans
inconvénient. Elle a enfin un fouterrain fort élevé
qui pourroit être réduit à fept pieds de hauteur,
ou bien être fupprimé ; de manière qu'on peut
facilement réduire cette traverfe à ne contenir
que quatre-vingt à cent toifes cubes de maçonnerie , fans changer rien à la capacité de fa cafemate fupérieure , qui pourra contenir la même
quantité de canons , en confervant un fouter-

rain de fept à huit pieds de hauteur ; car nous
ne penfons pas que ce fût une économie bien
entendue , que de fupprimer totalement des
magafins à l'abri de la bombe , & fi utiles fur
des remparts.

Au refte, de femblables traverfes un peu plus
ou un peu moins confidérables, feront toujours
de la plus grande utilité. Elles fourniroient des
feux qui peuvent fe diriger & fur la campagne &
dans l'intérieur de l'ouvrage , qui feront très-
meurtriers & très-difficiles à éteindre. On voit
que des blindages les garantiffent des effets du
ricochet , tant que l'ennemi n'eft pas logé fur
l'ouvrage même ; alors les blindages difparoiffent
pour laiffer un libre effet à trois pièces de canon
qui enfilent à-bout-touchant le rempart de l'ouvrage , & s'oppofent abfolument à ce que l'ennemi puiffe y former fon logement. On voit que
l'embrafure de l'une de ces trois pièces peut fe
placer au milieu de la porte qu'on aura eu foin
de murer à cet effet. De pareilles traverfes coûteront peu , par le peu de toifes cubes de maçonnerie qu'elles contiennent , comme on vient de
le voir , & feront de la plus grande reffource par-

tout où l'on voudra les placer. Elles ont leur coupe dans tous les fens, fuivant les lignes exprimées fur le Plan ; rien n'eft plus facile que d'en concevoir la conftruction.

Le grand mur cafematé des faillans tel qu'il fe voit en plan , Planche XXIII , & en profils , Planche XXIV, fur les lignes LM, *fig.* 10 , eft conftruit dans la vue de le rendre propre à des cafernes fort commodes & fort fûres. Chaque arcade a fa cheminée & peut contenir cinq lits à chaque étage ; ainfi chaque arcade peut loger trente foldats dans les deux étages. Vingt-deux arcades de chaque côté de l'angle pourront donc loger fix cens foixante foldats ou un bataillon ; par conféquent chaque faillant , conftruit de cette manière , pourroit loger deux bataillons , fans être obligé d'occuper aucune des grandes cafemates de l'enceinte du corps de la place ; mais il fuffiroit d'établir en cafernes le premier étage , laiffant tout le rez-de-chauffée pour des magafins de toute efpèce &, dans ce cas même, le dodécagone fourniroit des cafernes pour douze bataillons , des magafins de la même étendue au-deffous , & de plus , pour tous les ufages qu'on

jugeroit

jugeroit à propos, les grandes casemates de l'enceinte. Quelle est la ville de guerre, quelque vaste qu'elle soit, qui puisse fournir de telles ressources ?

Nous ne donnons point le détail du toisé de l'enceinte de cette Place, composée de douze saillants semblables, que nous avons nommée Louisville. Nous dirons seulement que les angles flanqués ou les sommets de ces saillants se trouvant à cent quatre-vingt toises de distance les uns des autres, elle est de même étendue que le dodécagone bastionné : or un dodécagone bastionné à simple enceinte, contient, dans des dimensions moyennes, soixante mille toises cubes de maçonnerie. Lorsqu'il a des contregardes & des lunettes, ou quelqu'ouvrage extérieur à corne & à couronne, il en contient plus de soixante-douze à quatre-vingt mille : tandis que le dodécagone, suivant la méthode exprimée Planche XXII, sans son couvreface général, ne contiendroit que trente-six mille toises cubes de maçonnerie, & avec son couvreface, quarante-huit mille toises. Le dodécagone dont on a donné le Plan d'un seul saillant, Planche XXIII, contient, sans son couvreface, quarante-trois mille deux cens toifes cubes, & avec fon couvreface, cinquante-cinq mille toifes ; mais dans l'un & l'autre de ces polygones il ne fera pas queſtion de conſtruire, ni un feul magaſin, ni une feule caferne : dépenfe conſidérable qui doit être ajou-tée à ce que coûtent les foixante ou foixante-douze mille toifes cubes de maçonnerie nécef-faire pour conſtruire l'enceinte baſtionnée d'un dodécagone. Il eſt donc vrai, & de la vérité la plus apparente pour quiconque ne fe refufera pas à fon évidence, que la dépenfe fera beaucoup moindre pour avoir une place infiniment plus forte, & nous ne nous arrêterons plus à faire l'énumération de tous les avantages de ces mé-thodes ; ils doivent être apperçus par ceux mêmes qui n'y feront qu'une légère attention.

Aucun traité jufqu'à préfent n'a offert, ni tant de développemens, ni tant de détails dans les deſſins, mais quand on veut fe rendre un compte fcrupuleux à foi-même de la juſteſſe de fes idées & fe démontrer la poſſibilité de leur exécution, tous ces détails font indifpenfables ; l'on peut dire même que tant qu'on ne les a pas fait, rien n'eſt certain de ce qu'on a fait. Il n'eſt que trop commun de rencontrer des impoſſibilités dans leur exécution ; ce n'eſt que par le détail de leur conſtruction qu'elles s'apperçoivent , alors le génie y ſupplée : il reproduit le même effet , & quelquefois beaucoup meilleur , en employant une autre forme que la néceſſité ſeule de vaincre la difficulté a produite. Rien n'eſt donc plus utile que ces recherches. *Coupez de tous les ſens vos ouvrages, ſi vous voulez les connoître , & préſentez-les dans tous les ſens, ſi vous voulez qu'ils ſoient connus.* Quelle ſatisfaction ne feroit-ce pas pour nous ſi nous étions parvenus à rendre les avantages de ces méthodes aſſez ſenſibles pour faire naître le deſir de les mettre en exécution ! La Baſſe-Alſace eſt entièrement découverte : les lignes de la Loutre ne peuvent jamais être ſoutenues avec ſuccès qu'à la faveur d'une bonne place de guerre ; pourquoi notre jeune Monarque n'en feroit-il pas bâtir une près de Lauterbourg, appellée *Louiſville*, de ſon auguſte Nom ? Un tel monument, conſervateur de toute une Province, illuſtreroit ſon règne & feroit de la plus grande reſſource dans les guerres futures. Cette ville imprenable, placée dans la plaine de Salmbac, à une lieue

au-deſſus de Lauterbourg, ôteroit toute poſſibilité à l'ennemi de percer ni par la baſſe ni par la
haute Loutre. Qu'une pareille place eût exiſté
en 1744, le Prince Charles n'eût pas ravagé
l'Alſace ; l'armée du Maréchal de Coigny eût
été plus que ſuffiſante pour réſiſter à tous les
efforts de celle de ce Prince , & les conquêtes
du Roi en Flandres n'euſſent point été interrom-
pues, &c. &c. En notre qualité de bon Citoyen,
nous faiſons donc les vœux les plus ſincères pour
l'exécution d'un projet ſi utile : que ne peuvent-ils
ſuffire !

Mais après nous être élevés juſqu'à ce degré
de force , après avoir démontré la poſſibilité de
rendre la défenſe ſi ſupérieure à l'attaque, & fait
connoître l'inutilité d'aller ſi loin dans bien des
cas , nous avons cru devoir revenir ſur nos pas,
pour nous occuper de deux choſes également
importantes : la dépenſe à diminuer d'une part,
& de l'autre le nombre d'hommes néceſſaires à
la défenſe.

Plan N.º 2.

Echelle de 100 Toises

T

S

V

S

W

K

Bb

Aa

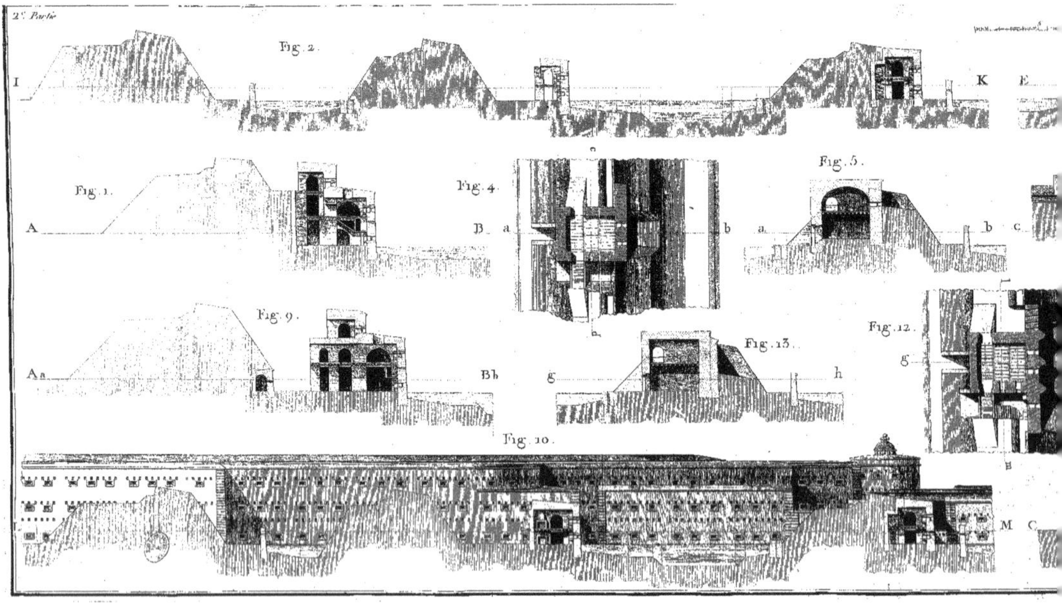

Fig. 2.

I

K

E

Fig. 1.

A

Fig. 4.

B a

b

Fig. 5.

a

b c

Fig. 9.

A a

B b

g

Fig. 13.

h

Fig. 12.

g

B

Fig. 10.

M C

Echelle de 80 Toises.

Fig. 3.

Fig. 5.

Fig. 6.

Fig. 7.

Fig. 8.

Fig. 12.

Fig. 13.

Fig. 14.

Fig. 15.

Fig. 11.

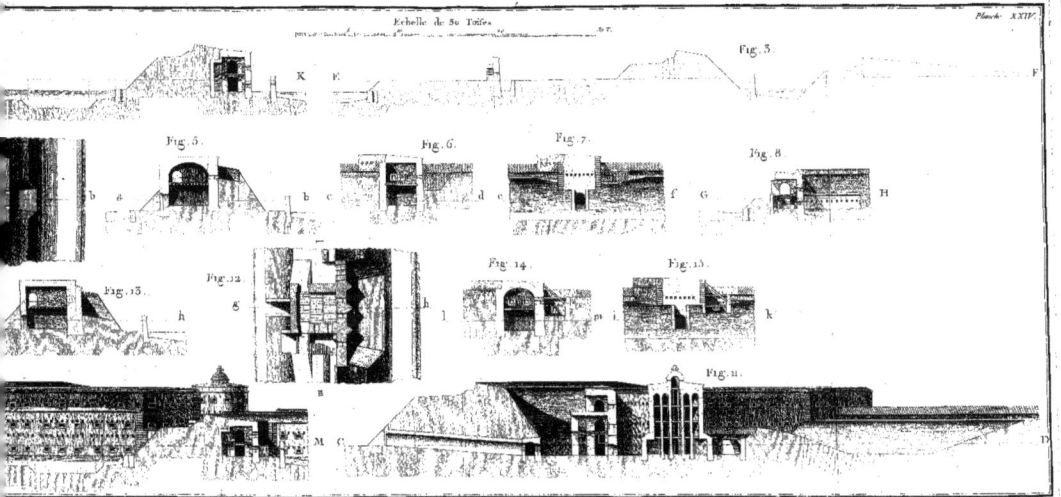

CHAPITRE HUITIEME.

Des Forts triangulaires.

FORT DE PROVENCE.

CE font ces puiſſans motifs qui ont donné lieu à nos recherches ſur les forts triangulaires, étant évident que trois côtés d'un fort ſe défendent avec moins de monde & coûtent moins que quatre côtés.

L'on voit, Planche XXV, un fort triangulaire Planche XXV. de quatre-vingt-ſix toiſes de côté pris de la crête de ſon parapet, conſtruit dans les mêmes principes que le fort quarré, appellé *Fort Dauphin*, Planche XII, quoique l'étendue de ſes côtés en ſoit moins grande, au moyen de quelques différences, on l'a rendu cependant ſuſceptible d'une auſſi grande réſiſtance pour le moins. Les cavaliers caſematés *o p q* ſont ici bien plus petits, mais ils ſont d'une reſſource infinie par leurs ſouterrains & leurs feux couverts ; leur détail eſt aſſez curieux à ſuivre par tout ce qu'ils renferment dans un auſſi petit eſpace : l'on en voit,

Planche xxv, le Plan à vue d'oifeau en *o*, & en fondation en *p* ; en *q* le plan eft coupé au niveau du terreplein fupérieur du parapet, qu'on pourroit appeller *donjon*, pour faire voir l'intérieur de fes galeries, foffés fecs & communications. On en reparlera bientôt plus au long dans les defcriptions des profils.

Le Plan général de ce fort, ainfi que celui du Fort royal, eft fait partie à vue d'oifeau & partie en fondation ; ce dernier étant un quarré, fon angle rentrant étoit droit & formé par des cafernes cafematées, (voyez Planche xix) ; mais celui-ci étant triangulaire, ce même angle fe trouve de cent vingt degrés, & donne lieu à une différente conftruction. Le parapet continu, fuivant cet angle rentrant, couvre les cafernes cafematées placées intérieurement & domine les flancs cafematés placés extérieurement pour la défenfe du même angle. On voit ces cafernes & cafemates en fondation avec leur communication fouterraine en *t u*, & à vue d'oifeau en *x y* ; on a ajouté à ce fort triangulaire un rempart extérieur environnant, ou couvreface général, dont les angles rentrans ont des flancs cafematés, tels qu'on les voit en γ, tant en fondation qu'à vue d'oiseau, & la tour angulaire placée dans le milieu, domine le tout.

La *fig.* 1re de la Planche XXVI, est une coupe générale du fort triangulaire, sur la ligne *A B*, passant dans le milieu de la caponnière casematée & dans le milieu du cavalier casematé : faisant voir en perspective les cazernes intérieures & les parapets de l'angle rentrant : coupant la tour angulaire (1) : montrant ensuite l'élévation du cavalier casematé opposé : coupant les casernes de l'angle rentrant, le rempart & parapet de cet angle, sa communication souterraine ; montrant ensuite en perspective le flanc casematé opposé de cet angle rentrant : coupant la lunette en maçonnerie, ainsi que son couvreface particulier en terre : traversant les fossés secs & pleins d'eau de l'angle saillant, & coupant le mur qui les sépare ; ensuite coupant le rempart & le parapet, ainsi que le fossé du couvreface général, pour aller se perdre par-delà la crête du glacis.

(1) Il faut voir pour la disposition intérieure de cette tour, qui n'a point été exprimée ici, la Planche XXXII de ce Volume & la Planche VII, Tome 1er, *figures* 1 & 2 ; mais en général on peut faire choix pour chaque Fort de celle qu'on voudra préférer, ou même n'en point mettre.

Fig. 2.

La *fig.* 2 eſt une coupe ſur la ligne *C D*, partant du rempart intérieur : paſſant par le flanc de
l'angle rentrant, dont elle fait voir la hauteur ;
montrant en perſpective & élévation, la lunette
de maçonnerie, ſon couvreface particulier : coupant la première porte, le pont du premier foſſé,
la ſeconde porte du rempart couvreface général,
le pont-levis de cette porte, le foſſé de ce rempart : enſuite ſe reportant en-avant, allant couper
le glacis.

Fig. 3.

La *fig.* 3 eſt une autre coupe ſur la ligne *E F*,
partant du foſſé ſec de l'angle rentrant : faiſant
voir en élévation le rempart d'une des branches
de cet angle avec ſa galerie crenelée, formant
demi-revêtement : l'élévation de l'extrêmité du
grand flanc caſematé, ſous le cavalier défendant
le foſſé ſec : la coupe du mur ſéparant le foſſé ſec
du foſſé plein d'eau : la coupe de ce foſſé ; celle
du grand rempart, couvreface général : l'élévation en perſpective de la caponnière caſematée,
dont le parement a été ſuppoſé enlevé, afin d'en
faire voir la conſtruction : enfin l'élévation en
perſpective du flanc caſematé, défendant le foſſé
du couvreface général.

En

En fuivant la première & la troifième coupe, on a dû s'appercevoir que les caponnières cafematées & les flancs cafematés, font, dans cet exemple, dans des dimenfions moindres que dans le précédent, puifqu'ils n'ont que vingt-trois pieds de hauteur, au lieu de trente-deux. Ces pièces n'ont aufli qu'une batterie de canon & une de fufiliers couverte, & la caponnière cafematée défendant le grand foffé, n'a dans œuvre que cinq toifes au lieu de huit ; toutes diminutions de proportions, qui ont pour objet des diminutions de dépenfes.

La *fig.* 4 fur la ligne 7 & 8, eft à fuivre avec foin pour en diftinguer toutes les parties. C'eft une coupe partant des foffés fecs de l'angle rentrant : coupant la galerie environnante du rempart, & le parapet qu'elle foutient : faifant voir enfuite l'élévation du parapet oppofé fuivant fa longueur, les creneaux de la petite galerie, qui eft placée fous ce parapet près du cavalier cafematé : la coupe de la première galerie fouterraine de ce cavalier cafematé, avec le foffé au-deffus de cette galerie qui fépare le cavalier du rempart du fort ; enfuite la coupe du cavalier jufqu'à fon

Fig. 4.

Tome II. O o

milieu, faifant voir la coupe de la feconde galerie crenelée pour défendre le rempart du fort,
& l'efcalier communiquant à la plate-forme fupérieure du cavalier; d'où cette ligne coupée fe
portant en avant, comme il eft marqué fur le
Plan, traverfe la galerie faifant face au grand
foffé: coupant, comme de l'autre côté, la galerie crenelée, le foffé fupérieur & la galerie inférieure fous ce foffé, enfuite la galerie communiquant au flanc cafematé, où l'on voit la porte
de fortie du côté du grand foffé ; enfin cette
même ligne de profils, fe repliant encore, va
couper perpendiculairement une des arcades du
flanc cafematé, pour en faire voir toutes les
dimenfions & faire juger de la feconde.

Planche xxvi.
Fig. 5, 6 & 7.

Les *figures* 5, 6 & 7 fur les lignes *IKLM*, 5, 6,
font des coupes: la première, fur la galerie & le
foffé fec du cavalier : la feconde, fur le milieu
d'une arcade du flanc cafematé & d'un efcalier
pratiqué pour monter fur la plate-forme, au-deffus de ce flanc, en cas qu'on y voulût former un
parapet de gabions & de facs à laine ; & la troifième, une coupe fur la galerie de communication du cavalier au flanc cafematé, pour laquelle

on voit , ainfi qu'il paroît auffi *fig.* 4 , que cette galerie de communication a trois étages de creneaux du côté du grand foffé , & un de huit creneaux du côté de l'intérieur du fort ; ce qui forme les petites galeries crenelées de droit & de gauche du cavalier cafematé , exprimé au Plan marqué *q* , Planche XXV.

Ces quatre dernières figures ayant été fuivies avec quelqu'attention , & les ayant rapportées avec foin aux trois Plans marqués *opq* , on aura une connoiffance entière des cavaliers cafematés , tels qu'ils font fuivant ces Plans ; mais pour connoître une autre manière d'en déterminer la partie fupérieure & la rendre d'une bien meilleure défenfe , il faut confulter le plan marqué *rs*, Planche XXVII , fait fur l'échelle des profils , Planche XXVII. dont la partie *r* repréfente celui marqué *q* , Planche XXV , coupé au niveau du pavé de la plateforme , tandis que l'autre moitié marqué *s* en repréfente le plan à vue d'oifeau.

Mais pour l'intelligence de ce Plan , il faut fuivre d'abord la *fig.* 13 , qui eft une coupe fur la *Fig.* 13. ligne *ab* , qu'on reconnoîtra pour être la même que celle *fig.* 4 , Planche XXVI , jufqu'à la partie

O o 2

qui eſt au-deſſus de la grande voûte, & des deux petites galeries latérales crenelées. La différen- ce, *fig.* 13, ne commençant qu'au creneau placé au-deſſus de ces galeries, où le mur eſt exhauſſé d'env. on quatre pieds, pour donner lieu à une barbette *f* du Plan marqué *s*, laquelle barbette étant portée par les trois arcs de voûte exprimés *fig.* 13, fait une batterie couverte de trois pièces de canon, placées ſous ces voûtes, dominant toute la campagne, & qui feront, par cet endroit, très-dangereuſes. La *fig.* 14 eſt une coupe du même Plan ſur la ligne *cd*, paſſant par le milieu du cavalier caſematé : coupant une des voûtes de la barbette, & en faiſant voir le plancher, ainſi qu'un balcon pratiqué au-deſſous des creneaux, pour en faciliter l'uſage ; comparant cette der- nière coupe avec celle paſſant par le milieu du cavalier *fig.* 1, on verra très-clairement en quoi conſiſte leur différence.

Suivant cette dernière manière de conſtruire le cavalier caſematé, les proportions données à la tour angulaire, n'auroient point été aſſez éle- vées ; c'eſt ce qui a donné lieu à la coupe & *Fig.* 12. élévation qu'on a exprimé *fig.* 12, au moyen de

laquelle, la tour angulaire placée au centre du
fort, domineroit, autant qu'il eft utile qu'elle
le faffe, fur les trois cavaliers cafematés, conftruits fuivant les profils *figures* 1 3 & 1 4.

Les *fig.* 8, 10 & 1 1, Planche XXVI, font des
coupes relatives aux caponnières cafematées qui
ne demandent point d'explication; il fuffira d'en
fuivre les lignes fur le Plan général, Planche XXV;
on ne s'eft point affujetti, dans les deffins de ce
fort, à exprimer la forme exacte des embrafures
avec leurs volets, ayant jugé cette répétition
inutile. On s'appercevra bien, fans doute, qu'on
s'eft borné à exprimer fur le Plan du couvreface
général, des traverfes en gabions pour indiquer
ce qui doit fe faire, en cas d'attaque, lorfqu'il
n'y en a pas eu de conftruites d'une manière plus
folide.

Mais la *fig.* 9, Planche XXVII, fur la ligne marquée 29 & 30 du Plan, eft digne de remarque;
étant une élévation de prefque tout un côté de
ce fort, faite dans toutes les règles de la perfpective, & valant un Plan en relief. L'on y voit
(en prenant depuis 29) le mur crenelé féparant
le foffé fec, du foffé plein d'eau, l'élévation du

*Fig.*8,10&11.

Fig. 9.

couvreface de la lunette ; & le mur crenelé étant
brifé , on voit partie de la lunette en maçonnerie : enfuite les embrafures & creneaux du flanc
cafematé de l'angle rentrant avec fon rempart
au-deſſus : enfuite partie de la galerie crenelée
environnante, la porte de cette galerie pour communiquer dans le foſſé ſec que le mur abattu laiſſe
voir : enfuite l'extrémité du flanc cafematé regar-
dant le foſſé ſec ; on peut remarquer même au-
deſſus de la platte-forme de ce flanc cafematé,
dans le parapet , une ouverture qui eſt celle répondante à l'efcalier, qui ſe voit coupé *fig.* 6 : la
face du flanc cafematé deſtiné à la défenſe de la
caponnière cafematée : enfuite la porte pour communiquer au foſſé ſec , en avant du flanc , par la
galerie joignant le flanc au cavalier. Cette galerie
eſt reconnoiſſable par ſes trois creneaux dans un
étage ſupérieur , qu'on a vu *fig.* 7 & 4. Les trois creneaux ſuivant au même niveau , à-peu-près , font
ceux du foſſé ſec , ſéparant le cavalier du rempart
de la place , marqués *fig.* 4 : les deux ſuivans , un
peu plus élevés , font ceux de l'extrémité de la
petite galerie crenelée qu'on a vu fur les Plans,
Planche XXV, & *r*, Planche XXVI : les creneaux

& embrafures qui fuivent font celles placées au-
deffus de la barbette exprimée au Plan *rs* & *fig.* 13
& 14 : enfin les embrafures de la platte-forme
fupérieure de la tour angulaire, paroiffant au-
deffus de la barbette du cavalier cafematé, font
voir de combien cette tour domine les cavaliers;
l'autre partie de l'élévation n'a de différence que
la porte d'entrée du fort qui y eft exprimée; mais
comme cette ligne 29 & 30 coupe la caponnière
cafematée fur deux directions différentes, ainfi
qu'il paroît fur le Plan, elle fe trouve ici coupée
de même au milieu de fes piliers & au milieu de
fes voûtes. On fe flatte qu'après l'examen d'un
pareil deffin, on aura une idée très-nette de ce
fort, dans toute fa partie extérieure. Il ne nous
refte donc plus qu'à reprendre quelques détails
relatifs à d'autres profils, pour achever d'en donner une connoiffance entière.

La *fig.* 15 eft une coupe fur une ligne cotée Pl. xxvi & xxvii.
25 & 26; elle paffe par les cafernes intérieures, *Fig.* 15 & 16.
en détermine la hauteur, coupe le rempart, fon
parapet & la galerie crenelée qui le foutient. La
fig. 16, fur la ligne 27 & 28, coupe la lunette en
maçonnerie, fon couvreface en terre, le foffé

fec, le mur & le foffé plein d'eau. Ces deux figures acheveront les détails relatifs au fort. Ceux qui fuivent le font à fon rempart d'enceinte ou couvreface général.

Fig. 17. La *fig.* 17, fur la ligne 21 & 22, paffe par une des communications des petits flancs cafematés placés dans les rentrans de cette enceinte marquée Z, & coupe le flanc de manière à faire connoître les deux batteries, l'une de canon & l'autre de fufiliers qui y font placés.

Fig. 18. La *fig.* 18, fur la ligne 19 & 20, fait voir l'entrée de la communication qui eft commune aux deux : coupe le rempart & la galerie qui communique aux deux flancs, au milieu de laquelle *Fig.* 19. le pont aboutit. La *fig.* 19, fur la ligne 17 & 18, coupe un des flancs perpendiculairement : fait voir en perfpective la courtine qui les lie ainfi que l'autre flanc, la porte d'entrée & le commencement du pont qui y conduit. La *fig.* 20, fur la ligne 23 & 24, eft la coupe du pont fortant de la petite lunette extérieure pour aller dans la place d'armes du glacis.

Pl. xxvi & xxvii, *Fig.* 21, 22 & 23. Les *fig.* 21, 22 & 23 font des coupes relatives à une autre manière de conftruire les mêmes lunettes

lunettes avancées, de façon que les ponts de communication, avec les places d'armes des glacis, foient mieux couverts, & que les branches des parapets de ces lunettes ne foient pas diminuées de la largeur de paffage néceffaire à cette communication. Le plan de cette lunette, avec fes trois coupes, donnent là-deffus les éclairciffemens néceffaires.

Pour peu qu'on veuille donner quelqu'attention & de fuite à ces différens deffins, on aura une connoiffance complette d'un pareil fort, & l'on fera en état de juger de quelle grande réfiftance il feroit capable avec une petite garnifon.

Mais ce que nous pouvons affurer ici, de la manière la plus pofitive, c'eft que, par le toifé très-exact & très-détaillé que nous en avons fait faire, il fe trouve ne contenir en total que la quantité de quatre mille cinq cens toifes cubes de maçonnerie.

FORT DE BOURGOGNE.

Ce fort triangulaire eft, à peu de chofe près, Planche xxviii. de l'étendue des redoutes de Maëftricht, dans l'in-

Tome II. P p

térieur de fes remparts ; fes profils n'ont que
vingt-trois pieds, du niveau de l'eau à la crête
des parapets, tandis que l'on a vu ceux du Fort
Dauphin en avoir vingt-neuf, & ceux du Fort
Royal trente-deux. Les redoutes du camp de
Maëftricht en ont vingt-un. Ce fort n'eft donc
qu'une redoute d'une forme différente des redoutes ordinaires, mais qui tirera de cette forme
des reffources qu'il feroit impoffible de trouver
dans celles en ufage. En effet, les pointes allon-
gées du triangle permettent d'y former un angle
obtus rentrant, qui fait un retranchement naturel, fans prendre beaucoup fur la capacité intérieure à caufe qu'il eft obtus ; ces angles faillans
fi foibles par eux-mêmes, pourront donc acquérir un grand degré de force moyennant ce rentrant pratiqué à chacun d'eux : cet angle fe trouvera couvert de deux petites pièces en maçonnerie, détachées, très-bien foutenues, très-bien
défendues, & pouvant fe difputer pied à pied ;
ce chemin fi facile ordinairement, deviendra
donc long & très-difficile ; un baftion n'offre pas le
demi-quart de ces obftacles ; dès qu'il eft ouvert,
il faut fe rendre ; cela eft connu & reçu.

Echelle de 80 Toises

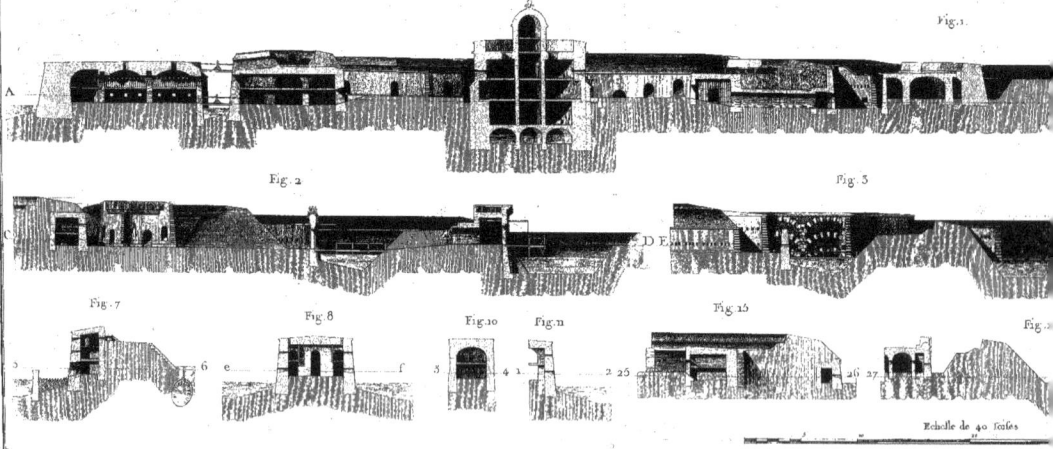

Fig. 1.

Fig. 2.

Fig. 5.

Fig. 7.

Fig. 8.

Fig. 10.

Fig. 11.

Fig. 15.

Fig.

Echelle de 40 toises

Fig.1.

B

Fig. 3.   Fig. 4.   Fig. 5.   Fig. 6.

F 7   8 I   K   M

Fig.16   Fig.17   Fig.18   Fig.21   Fig.22

   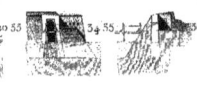

26 27   28 21   22 19   20 33   34 35   36

Echelle de 40 Toises

Fig. 9

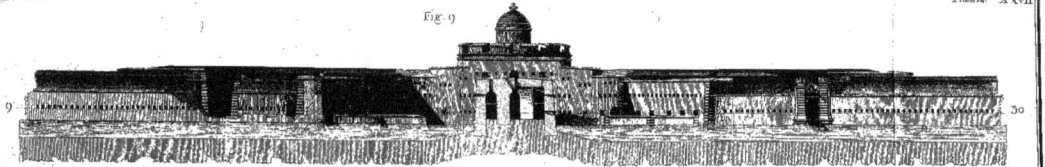

9   30

Fig. 12   Fig. 13   Fig. 14

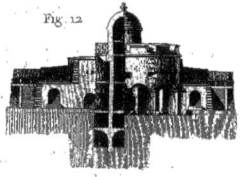

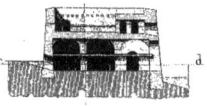

a   f   r   s   b a   b c   d

Fig. 19   Echelle de 40 Toises

Fig. 20   Fig. 23

17   18   23   24 51   52

Mais fi l'angle flanqué de ce fort, partie fi foible dans tous les forts, fe trouve ici compofé de trois enceintes qu'il faut franchir avant d'arriver au rempart, il en eft encore de même de chacun de fes côtés ; ils font couverts d'abord d'un mur angulaire formant d'excellentes places d'armes retranchées dans le chemin couvert, & de deux pièces cafematées, avant celle du rempart, qui font capables de la plus grande réfiftance, par leur retranchement & communication voûtée ; il faudra donc néceffairement, de quelque côté qu'on dirige fon attaque, furmonter ces mêmes obftacles pour arriver au rempart environnant du fort : il faudra l'ouvrir : y faire brêche : couronner fon parapet d'un logement : y établir des batteries pour battre en brêche la tour angulaire placée au centre de ce fort ; & avec quel danger ce travail s'exécutera-t-il ! La garnifon, protégée par le feu de la tour, y ayant fa retraite affûrée, fera de continuelles forties fur les travailleurs, & détruira les logemens à mefure qu'ils fe feront ; & puis combien de coups de canon faudra-t-il pour ouvrir une pareille tour ? ce fera un nouveau fiege à entreprendre. On peut donc

dire, & tout le monde doit le fentir, que ce petit
fort, avec deux à trois cens hommes de garnifon,
coûtera à l'ennemi plus de tems & d'hommes que
nos villes de guerre les plus vaftes. Dans nos
Colonies de pareils forts feroient de la plus grande
utilité. Une enceinte de ces forts, à cinq ou fix
cens toifes en avant de nos ports de mer en
France, les mettroit pour toujours en fûreté.
Sept à huit forts femblables fuffiroient ; ils n'employeroient que deux mille hommes de garnifon,
qui ne devroient être que des gardes-côtes, auffi
excellens en pareil cas, que les meilleurs foldats ;
& nous ne ferions plus obligés d'envoyer, en
pofte, des troupes réglées, dès qu'il paroît dix
voiles enfemble fur nos côtes.

Planches XXVIII & XXIX, Fig. 1ère. La *fig.* 1, Planche XXIX, eft une coupe fur la
ligne *A B* du Plan, qui fait voir l'intérieur de la
première caponnière cafematée à trois faillans, &
celui de la feconde à deux faillans ; fur quoi il eft
à remarquer qu'il ne fe trouve ici dans ces pièces
qu'un feul étage voûté, la batterie fupérieure étant
à découvert ; ce qui n'eft pas ainfi dans les femblables pièces précédemment décrites, où les voûtes
ont été placées au haut des murs pour couvrir les

deux batteries, ce que nous penfons préférable,
& nous n'avons employé ici une conftruction différente, que pour donner le choix. Cette ligne de
profil, après avoir coupé les deux caponnières,
coupe le rempart & fa poterne, où l'on voit,
près de l'entrée, une porte, qui eft celle d'une
galerie qui va répondre aux creneaux apperçus
fous le rempart deftiné à défendre le foffé qui
fépare la feconde caponnière de ce même rempart. C'eft une galerie tournante, dont on apperçoit ici les creneaux, & dont on voit la fondation ponctuée au Plan, Planche XXVIII. De-là,
cette ligne coupe la tour angulaire déjà connue
& qui n'eft qu'indiquée dans ce deffin. Elle coupe
le rempart de l'angle rentrant oppofé, fa poterne communiquant aux deux flancs cafematés
extérieurs de cet angle, dont on voit l'élévation
en perfpective. Elle coupe la lunette en maçonnerie fuivant fa capitale; enfuite fon couvreface
en maçonnerie, qui fe trouve en avant du foffé,
& fe termine au glacis de cet angle.

Les *figures* 2, 3, 4, 5, 7, 8 & 9, n'ont point *Fig. 2, 3, 4, 5, 7,*
befoin d'explications; il fuffira de fuivre, fur le *8 & 9.*
plan, les lignes auxquelles elles répondent.

Fig. 6.

La *fig.* 6 fur la ligne du Plan *L M N O P*, coupe
d'abord le glacis de *L* jufqu'en *M* , afin de faire
voir en perfpective au-deffus , le couvreface , la
lunette de maçonnerie & les parapets de l'angle
rentrant ; enfuite depuis *M* jufqu'en *N*, la ligne
fe portant en-avant , pour couper le foffé vis-à-
vis du premier faillant de la caponnière jufqu'à
la capitale du fecond faillant , on découvre le
mur crenelé, féparant le foffé fec du foffé plein
d'eau , trop peu élevé pour paroître d'aucun autre
endroit ; enfuite l'élévation des faces du premier
& du fecond faillant de la caponnière. De cet
angle flanqué du fecond faillant , & fuivant fa
capitale , la ligne de profil fe porte encore en
avant, pour découvrir & laiffer voir en élévation, la face de l'angle droit de la feconde caponnière cafematée : pour faire voir enfuite dans
l'enfoncement , quatre creneaux de la galerie placée fous le parapet pour la défenfe du foffé fec ,
dont il a été mention ci-deffus ; de-là coupant
la partie en retour du mur crenelé , on voit le
mur en élévation avec des creneaux , le parapet
qui le domine derrière , la porte d'entrée du fort,
& par une brifure dudit mur , la courtine & un

des flancs cafematés de l'angle rentrant: enfuite le couvreface & la lunette en maçonnerie: enfin le chemin couvert & glacis.

On a joint à ces détails les deux *figures* 10 & 11, *Fig.* 10 & 11. qui font deux Plans en fondation fur l'échelle des profils, afin de mieux faire connoître toutes les parties des deux caponnières cafematées, & des deux pièces en-avant de l'angle rentrant, la lunette & couvreface en maçonnerie. Les *figures* 7, 8 & 9, font relatives à ces deux Plans en fondation, fuivant les lignes qui les coupent.

Il faut fe rappeller l'obfervation déja faite au fujet de ces pièces, que les voûtes peuvent en être élevées au-deffus des fecondes batteries, pour qu'elles fe trouvent également couvertes toutes les deux, de la même manière qu'elles le font dans les exemples précédens : ce qui eft d'autant plus préférable, qu'on peut encore, par-deffus ces voûtes ainfi élevées, établir un parapet de gabions & fafcines qui feroit d'un ufage très-utile dans les premiers tems de l'attaque, & jufqu'à ce que les batteries de l'ennemi euffent pris affez de fupériorité pour les renverfer. On le répéte, elles n'ont été conftruites ainfi que pour indiquer une autre manière.

On obfervera de plus que cette même conftruction peut devenir encore beaucoup plus forte,
en l'environnant de foffés plus larges, ce qui fe
peut à volonté; & fi l'on y ajoutoit un rempart
environnant ou couvreface général, dont nous
avons déjà donné plufieurs exemples, le degré de
force augmenteroit encore beaucoup, mais alors
il faudroit une augmentation de garnifon. C'eft
pour éviter ce très-grand inconvénient que nous
nous fommes tenus, pour la conftruction de ce
fort, dans des proportions auffi réduites, la difficulté n'étant pas de faire une place forte en em-
braffant un grand terrain & y deftinant une très-
groffe garnifon, mais elle exifte en faifant le contraire, & nous ofons prétendre l'avoir vaincu.
C'eft à ceux qui voudront bien prendre la peine
de l'examiner à en décider.

FORT D'ARTOIS,

*A Noyau triangulaire mixtiligne, avec bafe angu-
laire & couvreface général.*

Nous avons fait connoître les tours angulaires
qui ne font que des polygones réguliers infcrits

au

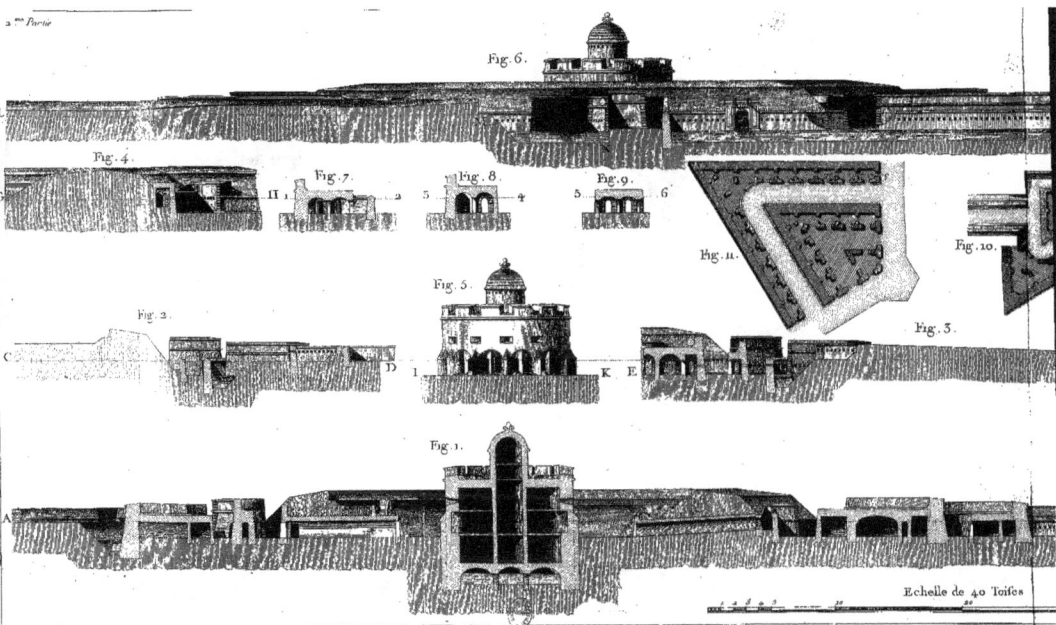

Fig. 6.

Fig. 4.

Fig. 7.

Fig. 8.

Fig. 9.

Fig. 11.

Fig. 10.

Fig. 5.

Fig. 2.

Fig. 3.

C

D

1

E

Fig. 1.

A

Echelle de 40 Toises

Fig. 6.

Fig. 8.

3 · 4

Fig. 9.

5 · 6

Fig. 11.

Fig. 10.

Fig. 5.

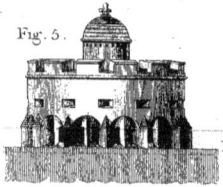

K E

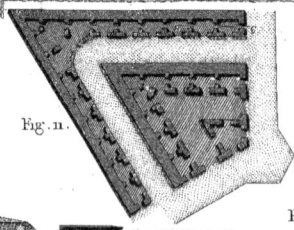

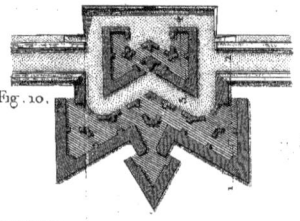

Fig. 3.

F

Fig. 1.

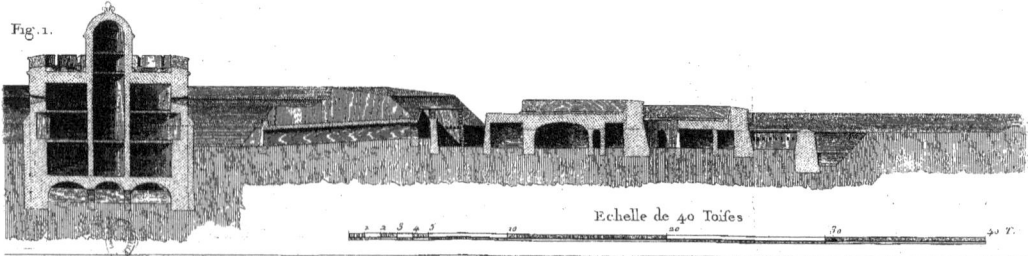

B

Echelle de 40 Toises

au cercle. Nous allons donner un exemple d'un poligone triangulaire mixtiligne , compofé de trois lignes droites & de trois portions de cercle à bafe angulaire. Cet exemple fuffira pour tous les autres polygones.

La Planche xxx repréfente le plan de ce poly- Planche xxx. gone angulaire qui fait comme le noyau du fort appellé *Fort d'Artois*. Il eft compofé de vingt-fept arcs de voûte fupportés par vingt-fept angles faillans, en partie droits & en partie aigus , fuivant que la ligne du rempart qu'ils foutiennent eft droite ou courbe : l'on fent bien que fes côtés pourroient être plus étendus , & autant qu'on le defireroit ; l'on fent de même que cette conftruction , qui n'a que trois côtés ici, pourroit en avoir quatre , cinq , fix , &c. autant qu'il le faudroit, & de la longueur qui conviendroit au local. Les voûtes foutenant ces remparts, étant, ainfi qu'elles le font dans les tours angulaires, difpofées en berceau portant fur les murs de refend, fervent d'appui à ceux de face , contre lefquels ils ne peuvent avoir aucune pouffée. On ne peut faire que des trous dans de femblables murs , en les battant en brêche , mais non les

Tome II.   Q q

renverſer ; rien n'eſt plus fort qu'une pareille
enceinte, & rien n'eſt plus de reſſource pour une
garniſon qui y trouve autant de ſûreté pour ſa
défenſe que de commodité pour ſes logemens &
magaſins, à l'épreuve de la bombe. L'on voit ſur
le Plan, qu'outre ceux contenus ſous les remparts d'enceinte, on en a pratiqué dans les trois
eſpaces répondant aux parties cintrées ; on peut
les voir ſur ce Plan exprimés, le tiers en fondation, le tiers coupé au premier étage & le tiers
en vue d'oiſeau : il en eſt de même du Plan de
la tour angulaire placée au centre, qui domine
le tout. L'enſemble de ce rempart angulaire eſt
entouré d'un foſſé ſec triangulaire, défendu par
trois caponnières caſematées à queue d'hironde,
ſéparées du foſſé plein d'eau, par un mur ſimple
qu'on pourroit faire à contre-forts voûtés dans les
parties du milieu, défendu encore par un double
mur caſematé dans les parties des angles ſaillans ;
enfin le foſſé plein d'eau eſt défendu particulièrement par une caponnière caſematée à trois ſaillans ; le tout eſt enveloppé par un rempart d'enceinte ou couvreface général, à neuf ſaillans en
terre, dont tous les rentrans ſont défendus par

des caponnières cafematées qui ont leur communication avec le terreplein intérieur. On a donné à ce rempart d'enceinte cette forme, pour avoir plus d'efpace, & l'on pourroit de même en embraffer encore un plus grand à peu de frais, fi les circonflances l'exigeoient, puifque les caponnières cafematées des angles rentrans défendroient également bien des branches plus étendues.

Les Planches xxx & xxxi offrent des profils Planches xxx & xxxi. & élévations en telle quantité, qu'il n'y a pas une feule partie qui ne puiffe être connue dans le plus grand détail.

La *fig.* première, Planche xxxi, eft une élé- Fig. 1ere. vation & une coupe fur la ligne NO du plan; on y voit d'abord l'élévation de la tour avec fes trois batteries couvertes, l'élévation des magafins de l'angle oppofé, la coupe du rempart dans la partie qui y répond au milieu de fes angles rentrans, le petit mur crénelé de fept pieds de hauteur, qui couvre la communication du grand rempart avec la première des deux caponnières, la coupe des deux caponnières cafematées, la coupe du rempart en terre ou couvreface général, celle de la communication fouterraine avec les flancs cafematés de fon angle rentrant, la coupe de la petite courtine qui les lie, l'élévation d'un de fes flancs & du mur crénelé, environnant ce rempart dont on n'apperçoit qu'une petite partie : enfin la coupe de la lunette devant ce rentrant, avec fon foffé & le glacis qui la couvre, élevé de fept pieds fur fa banquette, mais avec un talut intérieur qui permet de fortir en bataille, de toute la partie de cette efpèce de chemin couvert, qui n'eft réellement qu'un chemin pour aller fe placer à couvert & fe mettre en état de fortir dans la campagne quand on veut, & par où on veut ; cette facilité pour fortir étant la même pour rentrer, donne le plus grand avantage à la garnifon, ainfi que nous l'avons déjà fait obferver plufieurs fois.

Obfervations générales à l'occafion de ce premier Profil.

La ligne du niveau du terrain eft onze pieds au-deffus de l'eau ; le rez-de-chauffée des deux caponnières cafematées eft élevé d'un pied au-deffus de l'eau, & ce niveau eft le même jufqu'au pied du rempart cafematé, dont le rez-de-chauffée

s'élève d'un pied & demi : celui de l'espace entre
le grand rempart & la tour s'élève encore de deux
pieds & demi sur le dernier, & enfin le rez-de-
chauffée de la tour s'élève encore de deux pieds ;
de manière que ce rez-de-chauffée de la tour au
centre, est à quatre pieds au-deffous de la ligne de
niveau du terrain ; les caponnières cafematées
font dans les petites dimenfions ; elles n'ont qu'une
batterie de canon & une de fufiliers couverte,
elles en ont une de canon découverte, & l'on
pourroit, comme on l'a fait obferver déjà, les
couvrir toutes les trois, en mettant la voûte tout
en haut du mur. Le grand rempart angulaire a
trente-fix pieds de hauteur & domine tous les
ouvrages ; mais la batterie de canon couverte,
ne peut voir la campagne, afin de n'en être pas
vue, & de refter toute entière pour battre & ruiner le logement de l'ennemi fur le couvreface
général. La batterie fupérieure du rempart angulaire eft à embrafures dans les profils & élévations ; mais fur le Plan, le mur eft plein, afin de
donner lieu à des barbettes. Le mur formant ces
parapets a été déterminé à fix pieds d'épaiffeur ;
en le confervant plein, fans embrafures, comme

il eft plus avantageux de le faire, l'épaiffeur fera
fuffifante. M. le Maréchal de Vauban en a donné
huit au parapet de fes tours baftionnées ; mais il
y a pratiqué des embrafures. Il feroit facile au
refte, d'augmenter cette épaiffeur d'un pied, de
deux pieds, fi on le juge à propos, la platte-forme
du rempart ayant plus de largeur qu'il ne faut.
Mais fi l'on préféroit de porter la voûte tout au
haut de ce mur, alors cette dernière batterie étant
couverte, feroit d'un beaucoup plus grand effet.
Les trois magafins *A B C*, placés dans l'efpace
formé par les angles, feront d'une reffource infinie, foit pour fervir de cafernes, foit pour des
magafins ; mais de plus, pour augmenter la défenfe par la manière dont ils font difpofés, &
pour augmenter l'efpace fur le grand rempart,
puifqu'on peut couvrir d'un plancher de madriers,
les efpaces non occupés par ces magafins ; il n'y a
alors que la tour au centre qui foit ifolée. Cette
tour eft ici de cinq étages, en y comprenant le
rez-de-chauffée & la platte-forme fupérieure qui
pourroit être également couverte : il y a de plus
la citerne & un étage fouterrain ; ce dernier pourroit être retranché, pour diminuer la dépenfe,

quoi qu'il fût bien utile dans les derniers momens d'une défenfe opiniâtre où l'on feroit réduit , pour dernière reffource, à défendre cette tour.

La *fig.* 2 eft une coupe fur la ligne *LM* qu'il *Fig.* 2. n'y a qu'à fuivre, & dans ce profil & fur le plan, pour en diftinguer toutes les parties.

La *fig.* 3 eft compofée de plufieurs coupes & éléva- *Fig.* 3. tions très-inftructives qu'il eft néceffaire de fuivre également fur le plan. L'on voit que depuis *A* juf- qu'en *B*, la ligne coupant d'abord le rempart cou- vreface, paffe par le foffé plein d'eau, & fait voir l'élévation de la pièce de maçonnerie couvreface placée à l'angle faillant : enfuite l'intérieur de cette pièce , le mur de parement ayant été brifé ; ce qui laiffe voir la difpofition des arcades : le double plancher de cette pièce : enfuite l'éléva- tion de la petite lunette de maçonnerie triangu- laire dont la coupe eft repréfentée *fig.* 2. Par-delà cette pièce eft en élévation le mur féparant le foffé plein d'eau, d'avec le foffé fec, & derrière ce mur on voit en élévation, partie de la feconde caponnière cafematée qui paroît autant que l'élé- vation du grand rempart peut le permettre. En cet endroit la ligne *AB* rentre, pour couper le

foffé fec, dans la partie *B C*, & jufqu'au milieu
C de la première caponnière cafematée qu'elle
coupe pour en faire connoître les dimenfions.
Dans tout cet efpace coupé dans la longueur
du foffé fec on voit l'élévation du grand rempart angulaire, dont on diftingue toutes les parties extérieures, de manière à s'en former l'idée
la plus claire. On apperçoit par-deffus le tout,
l'élévation de la tour angulaire dont la dernière
batterie couverte eft fupérieure au parapet du
rempart ; enfuite cette même ligne de profils, du
milieu *C* de la caponnière cafematée, revient jufqu'à *C*, au pied du glacis, pour couper jufqu'en
CI, comme il eft marqué fur le Plan, le terrain
de la campagne, afin de faire voir de combien
les glacis & parapets du rempart couvreface général le dominent : combien le rempart angulaire
domine ce rempart couvreface, & combien la
tour angulaire domine le tout. Suivant toujours
la ligne fur le Plan, on voit qu'elle eft interrompue de 1 en 2, afin d'aller couper le glacis & le
foffé du rempart couvreface, dans toute cette
largeur & donner lieu, dans le profil, à la découverte 1° du mur crenelé du bas du couvreface,

2°

2° de l'angle de ce couvreface en terre, 3° de l'élévation dans l'éloignement de la porte de fortie, du pont & de l'élévation des flancs cafematés de l'angle rentrant ; enfin la coupe reprenant de 2 en D le terrain de la campagne, il ne paroît plus que l'élévation des glacis, du parapet, du couvreface général & des pièces qui ont déjà paru dans l'autre partie femblable ; rien n'eft plus intelligible qu'une pareille coupe & élévation ; elle vaut un Plan en relief.

La *fig.* 4, fur la ligne *I K*, eft une coupe fur la capitale des deux angles faillans de la première & de la feconde caponnière cafematée. *Fig.* 4.

La *fig.* 5, fur la ligne *G H*, coupe le grand rempart angulaire fur la capitale du rentrant ; cette coupe en donne toutes les proportions : fait voir en élévation les pièces de l'angle oppofé : coupe la porte du pont de fortie : fait voir l'élévation du corps de garde de cette porte & la porte même. *Fig.* 5.

La *fig.* 6 coupe de *E* en *F* le glacis, fa place d'armes de l'angle rentrant : fait voir l'élévation de la traverfe, celle du rempart couvreface, celle de la porte de fortie, celle du flanc cafematé de *Fig.* 6.

Tome II.   R r

l'angle rentrant, la coupe du mur, la coupe du
rempart couvreface en terre, l'élévation de la
feconde caponnière cafematée, la coupe du double mur cafematé de l'angle faillant, l'élévation
de la première caponnière cafematée, la coupe
de la lunette en maçonnerie du même angle, &
enfin l'élévation d'une partie du grand rempart
angulaire cafematé, & par cette figure on a encore
un enfemble de toutes ces pièces, & la relation
qu'elles ont les unes avec les autres.

Fig. 7 & 8. Les *fig.* 7 & 8 font relatives aux flancs cafematés des angles droits rentrans, du couvreface général; l'une en montre les communications fouter-
raines & la direction de la voûte: l'autre en préfente la coupe perpendiculaire à fa face avec celle
du corps de garde & l'élévation de la face & du
rempart oppofé.

Fig. 9 & 10. Les *fig.* 9 & 10 font relatives aux flancs cafematés des trois angles rentrans du couvreface
général.

Fig. 11. La *fig.* 11, fur la ligne NO, eft une coupe &
perfpective extérieure d'un des trois magafins
angulaires de l'intérieur du fort, qui eft très-
intelligible.

Les *fig.* 12 & 13 font des coupes relatives aux *Fig.* 12 & 13. secondes caponnières cafematées, défendant le grand foffé, fur deux lignes différentes de la *fig.* 4, qui les coupent également ; ce qui achève d'en faire connoître toutes les dimenfions.

Enfin les *fig.* 14, 15 & 16 font des coupes & *Fig.* 14, 15 & 16. élévations des lunettes en terre, en avant des rentrans du rempart couvreface général ; elles en déterminent toutes les dimenfions, & donnent le détail de la manière dont les communications par cette pièce ont été pratiquées.

Il n'eft pas poffible qu'on foit embarraffé pour l'intelligence de la compofition de ce fort, après ce grand nombre de plans, profils, élévations & perfpectives qu'on en a donnés ; on peut dire même qu'il y en a beaucoup plus qu'il ne feroit néceffaire ; mais, d'après nos principes, nous devons multiplier les détails, pour nous affurer d'autant plus des avantages de ces conftructions.

Sans entrer dans des détails longs & inutiles du toifé de ce fort, nous affurerons feulement que la totalité de la maçonnerie néceffaire pour fa conftruction n'ira pas à fix mille toifes cubes.

CHAPITRE NEUVIEME.

Des Forts circulaires.

LORSQUE les emplacemens à fortifier fur des éminences fe trouvent avoir des formes à-peu-près circulaires, les forts angulaires n'y font aucunement propres ; les angles de ces forts, qui s'étendent néceffairement hors du terrain ou du plateau fur lequel ils doivent être conftruits, tombent dans des cavités plus ou moins profondes ou dans des irrégularités de terrain qui en rendent les conftructions impoffibles, ou du moins fort coûteufes. Les forts circulaires font les feuls qui conviennent à ces fortes de fitua-tions, & nos tours adaptées à cet ufage vont nous fournir les moyens d'en conftruire d'auffi fimples qu'ils feront forts & peu coûteux.

Nous prenons, pour en donner un premier exemple, une de ces éminences ifolées, nommées *pains de fucre*, fi communes dans les pays de montagnes ; nous ne la fuppofons que d'une très-petite étendue , afin de prendre un des cas les plus défavorables.

Au milieu d'un efpace qui n'a que vingt-quatre toifes de diamètre , nous établiffons une de nos tours angulaires , & nous conftruifons tout autour de l'extrêmité du plateau, une galerie voûtée circulaire qui le termine ; ce fort que nous avons appellé *Fort d'Angoulême*, eft exprimé Planche XXXII, avec partie de la montagne fur laquelle il eft conftruit.

FORT D'ANGOULÊME.

On voit , *fig.* première , le Plan en fondation de la tour & d'une partie de l'enceinte circulaire qui l'environne , l'autre partie étant exprimée à vue d'oifeau ; la partie la plus élevée de la montagne eft également exprimée à vue d'oifeau dans ce Plan , ainfi que le chemin de ronde & le mur crenelé qui l'entoure , après lequel , la pente de la montagne eft fuppofée continuer & s'étendre beaucoup plus bas , fuivant qu'elle fera plus ou moins élevée : il a fuffi d'indiquer ici cette pente ; de même cette efpèce de chemin de ronde fera

Planche XXXII. Fig. 1re.

placé plus haut ou plus bas, partie en pente, partie de niveau, fuivant la nature du terrain de la montagne, & les endroits les plus convenables à la placer.

La *fig.* 2 eſt une coupe du terrain & du rempart circulaire cafematé, & une élevation de la tour fuivant les lignes *A*, 1, 2, 3, & du point 3 cette ligne coupe la montagne jufqu'au petit mur d'enveloppe marqué *B*.

La *fig.* 3 eſt une coupe générale du terrain de la montagne & de la tour, depuis le point *C* de la montagne qui coupe le petit mur d'enceinte : enfuite fe reportant au point *D*, coupant le terrain de *D* en *E* : fe reportant encore, fuivant la ligne ponctuée du Plan, jufqu'au diamètre de la tour, pour la couper dans ce même diamètre & revenir au point *F :* reprendre la coupe de *F* en *G*, qui paffe par le milieu de l'efcalier. Cette coupe donne lieu à une perfpective de partie de l'enceinte circulaire cafematée qui la rend très-intelligible.

La *fig.* 4 eſt une coupe fur la ligne *cd*, & la *fig.* 5 une coupe fur la ligne *ab ;* ces deux coupes font deſtinées à l'intelligence plus particulière de

l'intérieur de la tour. La perspective ayant été
exactement observée dans l'intérieur de ces différentes coupes, toutes les parties de la construction se distinguent très-facilement ; on y voit
l'étage de la citerne, le souterrain au-deſſus, le
rez-de-chauſſée, le premier étage & la platte-
forme ſupérieure ; le ſens des voûtes portant ſur
les piliers placés ſuivant les rayons du cercle, ne
donnent aucune pouſſée ſur les circonférences
extérieures de la tour ; elles lui ſervent au contraire de point d'appui ; le tout forme un enſemble de la plus grande force. Le rempart circulaire
qui l'environne n'a été déterminé ici qu'à ſix pieds
de largeur, n'étant deſtiné qu'à placer des fuſiliers. S'il étoit néceſſaire de placer dans cette
enceinte une batterie de canons couverte, on en
augmenteroit les proportions très-aiſément ; mais
ſur une éminence qui domine de tous les côtés,
comme on le ſuppoſe dans cet exemple, du
canon ſur le rempart circulaire n'eſt expoſé à
rien ; il eſt au contraire très-bien garanti par le
feu de la tour & par le feu de la mouſqueterie
de la caſemate circulaire.

On ne ſait pas comment un tel fort, dans une

telle position, pourroit être forcé à capituler;
car il ne peut être ouvert par le canon en batterie
dans la plaine ; & comment ouvrir la tranchée
& conduire des boyaux fur le penchant d'une
telle montagne ? cela feroit bien difficile, pour
ne rien dire de plus. Ce petit fort pourroit donc
remplir les plus grands objets, quoique fon toifé,
tel qu'il eft ici, Planche XXXII, ne monte en total
qu'à cinq cens toifes cubes de maçonnerie, toutefois fans y comprendre le petit mur environnant la montagne, qui peut être fupprimé, ou
devenir plus ou moins étendu, fuivant l'enceinte de la montagne qu'on jugera à propos
d'embraffer.

Mais ce fort peut devenir plus confidérable;
il peut avoir pour noyau une tour dans de plus
grandes dimenfions, une enceinte circulaire beaucoup plus étendue, fi le local & les circonftances
l'exigent. C'eft ici un principe fondamental de
conftruction qu'on peut modifier fuivant les cas;
nous en avons fait nous-mêmes différentes applications, & nommément pour des terrains unis,
pour des plaines rafes, où ces fortes de forts
deviendront encore moins coûteux, & feront

tout

tout auffi refpectables que celui-ci, placé fur le haut d'une montagne, peut l'être ; mais nous avons été forcés d'en réferver les deffins pour le troifième Volume, par le nombre confidérable des Planches de celui-ci.

Nous ne nous fommes point affujettis, dans les coupes & élévations de ce fort, non plus que dans celles de plufieurs des forts qui ont précédé ce dernier, à exprimer les embrafures, avec la forme qu'elles doivent avoir, ni à les garnir de leurs volets. Nous comptons en avoir donnés des exemples fuffifans, dans toutes les Planches qui en traitent en détail, & dans toutes celles où nous en avons fait l'application ; cependant, dans les forts circulaires qui doivent fuivre, nous fommes revenus encore à ces détails, pour en faire une application exacte aux tours qui forment le noyau de ces forts. Nous avons craint qu'on n'eût point affez bien faifi nos idées, pour n'avoir pas befoin d'un peu d'aide, relativement aux difpofitions intérieures des tours. Ce troifième Volume offrira donc, même dans ce genre, des chofes encore nouvelles, qui développeront d'autant mieux ces méthodes. Lorfqu'on ne ceffe point de chercher,

il est reconnu qu'on ne cesse point de trouver ;
& nous espérons que le troisième Volume servira
de preuve à cette vérité, si consolante pour les
hommes laborieux. Nous osons donc annoncer,
dans le Volume qui doit suivre, des choses neuves
en assez grand nombre, & qui présentent des
objets d'une assez grande utilité ; cette carrière
est vaste, remplie de terrains à peine défrichés ;
on ne peut la parcourir tout d'une haleine : mais
il est si satisfaisant d'y faire quelques pas, que les
forces semblent se reproduire à mesure qu'on en
emploie davantage ; une difficulté vaincue excite
à en surmonter une autre ; & c'est ainsi qu'on parvient à laisser derrière foi, un long espace qu'on
ne se seroit jamais cru en état de franchir.

Fin du Tome second.

Fig. 15.

Fig. 7.

Fig. 14.

Fig. 8.

Fig. 16.

Fig. 9.

Fig. 12.

Fig. 10.

Fig. 13.

Fig. 11.

Echelle de 80 Toises.

Echelle des Profils de 20 Toises.

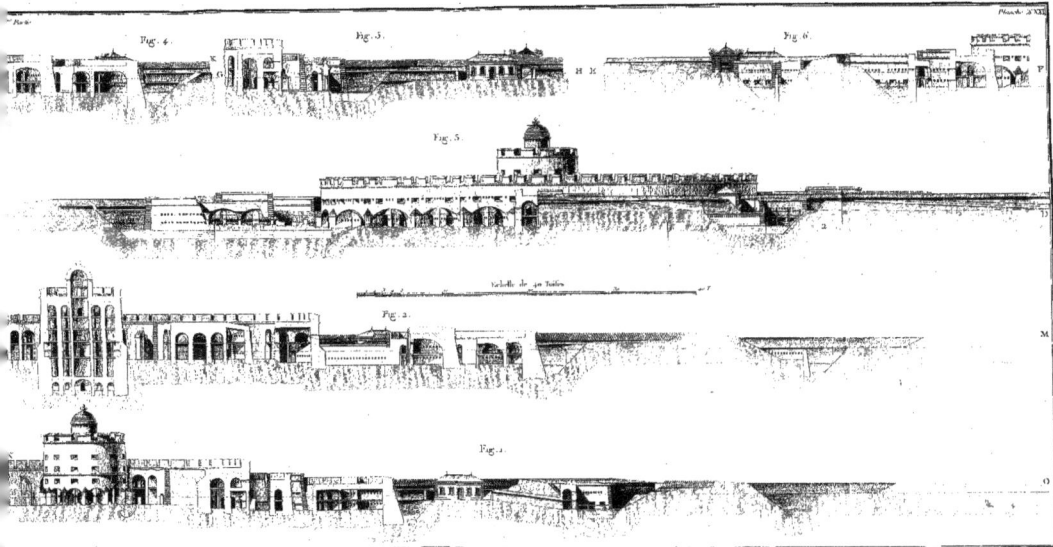

Fig. 4.   Fig. 3.   Fig. 6.

Fig. 5.

Échelle de 40 Toises.

Fig. 2.

Fig. 1.

Fig. 2

Ligne du Terrein.

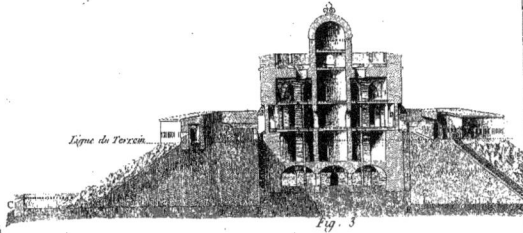

Ligne du Terrein.

Fig. 3

Ligne du Terrein. C.

Fig. 4

d

Ligne du Terrein. a.

Fig. 5

b

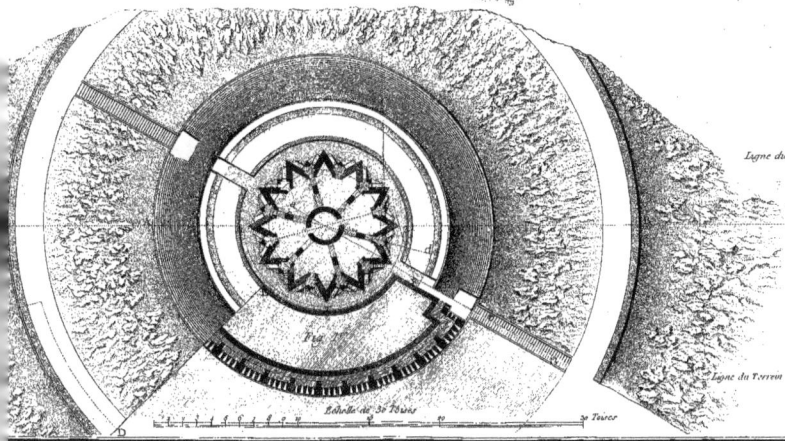

Fig. 1

Echelle de 30 Toises

Toises

D

TABLE

DES CHAPITRES DU TOME SECOND.

TABLE.

TABLE.

Fin de la Table.

E R R A T A.

Pages	Lignes	
35	2	auffi près, *lifez* d'auffi près.
37	10	fermant le confluent, *lifez* formant le confluent.
38	10	de pouvoir, *lifez* de ne pouvoir.
41	3	Meftre-de-Camps, *lifez* Maréchal de Camps.
73	2	& parties d'Znaim, *lifez* & partit de Znaim.
91	18	auquel, *lifez* auxquels.
148	8	feront élevés, *lifez* feront plus élevés.
153	23	de ces côtés, *lifez* de fes côtés.
168	16	de bois pour, *lifez* de bois néceffaire pour.
180	15	dont elles, *lifez* auquel elles.
182	8	par de-là de cette, *lifez* par de-là cette.
189	20	qui lui font, *lifez* qui leur font.
198	9	affemblés, *lifez* affemblées.
201	7	renflement du boulet, *lifez* renflement du boulet.
205	7	on adoptera, *lifez* on adaptera.
ibid.	23	conftruits, *lifez* conftruites.
206	12	moins couvertes, *lifez* mieux couvertes.
208	12	fera remplie, *lifez* fera rempli.
213	2	hors, *lifez* or.
214	9	du compas, *lifez* de compas.
ibid.	12	au point, *lifez* aux points.
217	12	quatre pouces de rayon, *lifez* quatre pouces de diamètre.
248	1	la hauteur relative, *lifez* les hauteurs relatives.
276	18	Planche XVIII, *lifez* Planche IV.
296	10	qui y font placés, *lifez* qui y font placées.
318	4	à la placer, *lifez* à le placer.

AVIS AU RELIEUR.

Le Relieur placera les Planches suivans leurs numéros & aux pages indiquées.

www.ingramcontent.com/pod-product-compliance
Lightning Source LLC
Chambersburg PA
CBHW052103230326
41599CB00054B/3697